新农村新农业

农村生活垃圾分类

卢 杰 ◎ 主编

中国出版集团　现代出版社

图书在版编目（CIP）数据

农村生活垃圾分类 / 卢杰主编 . -- 北京：现代出版社，2020.7

ISBN 978-7-5143-8757-5

Ⅰ.①农… Ⅱ.①卢… Ⅲ.①农村—生活废物—垃圾处理 Ⅳ.① X799.305

中国版本图书馆 CIP 数据核字（2020）第 123619 号

农村生活垃圾分类

主　　编	卢　杰
责任编辑	姜　军
出版发行	现代出版社
地　　址	北京市安定门外安华里 504 号
邮政编码	100011
电　　话	010-64267325　64245264（传真）
网　　址	www.1980xd.com
电子邮箱	xiandai@vip.sina.com
印　　刷	三河市宏盛印务有限公司
开　　本	787mm×1092mm　1/16
印　　张	10
版　　次	2020 年 7 月第 1 版　2024 年 12 月第 7 次印刷
书　　号	ISBN 978-7-5143-8757-5
定　　价	20.00 元

版权所有，翻印必究；未经许可，不得转载

前 言

很长一段时间以来，我国农村推崇"绿水青山就是金山银山"的理念。不过，随着农村生活水平的提高，农村生活垃圾的产量越来越高，垃圾的种类也越来越复杂。不少村民会直接将未处理的生活垃圾丢弃在村庄周边。因此，我们会在河道、路边、房屋周围等发现各种垃圾。这种行为不仅会影响到农村的生态环境，还会威胁到农村居民的身体健康，同时也制约着新农村建设的步伐。

2013年7月，习近平总书记在湖北考察时说："垃圾是放错位置的资源，把垃圾资源化，化腐朽为神奇，是一门艺术。"2017年政府工作报告指出，强化城乡环境治理，推行垃圾分类制度；2018年政府工作报告指出，进行垃圾分类处理，禁止"洋垃圾"入境；2019年政府报告又指出，因地制宜治理农村人居环境，建设美丽新农村。由此可见，政府对于推动垃圾处理一事的态度十分坚定。可以说，垃圾分类是民之所望，政之所向。

当然，垃圾分类并不是单纯为了分类而分类，而是为了让垃圾实现减量化、资源化、无害化。除此之外，垃圾分类还应做到因地制宜，切忌"一刀切"。此外，将垃圾分类和产业链相融合，更好地实现垃圾分类收集、设施设备等无缝隙衔接。只有如此，才能将垃圾分类推向高质量发展。当然，政府和企业是其中的中坚力量。

垃圾分类，顾名思义就是将垃圾分类投放、收集，将可回收利用

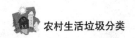

的垃圾变废为宝。在农村推行垃圾分类不仅可以减少垃圾产量，还可以实现资源循环利用。

那么，如何进行垃圾分类呢？垃圾分类之后要如何处理？为了让更多农民掌握生活垃圾分类的相关知识。我们编著了《农村生活垃圾分类》一书。本书全面而系统讲述了垃圾分类的相关知识。书中一共为八章，内容分别为：农村垃圾分类势在必行、农村生活垃圾的收集与运输、我国农村垃圾处理的特点、我国农村垃圾处置的办法、农村零垃圾公共区域垃圾处理、实现农村垃圾资源化、国内农村生活垃圾处理模式、国外农村生活垃圾处理现状。每章下面又有多个小节，每个小节围绕本章某个知识点展开。每个小节中又包含多个分点，全面而系统地阐述相关知识点。另外，书中还加入了随机案例，理论和实际相结合，让叙述更具说服力，也更具可读性。与此同时，书中还有配图，让文字说明更加生动、灵活，增强了农民的阅读兴趣，更好地传播了生活垃圾分类的相关知识。

垃圾是伴随人们的生产活动而产生的。在北京周口店的北京猿人山洞中，人们发现了猿人留下的灰烬、骨头等垃圾。种种迹象表明，人类和垃圾如影随形。可是，今天的我们不能再对垃圾置之不理，如果任由垃圾肆意堆放，那么我们的地球将会被垃圾腐蚀，或许未来，我们的后代将只能在垃圾上生活。所以，从现在开始，让我们从源头上减少垃圾，让垃圾得到充分利用，让我们给地球一抹绿色，给后代一个健康的生活。

书中的语言通俗易懂，十分适合农民阅读。另外，由于编者水平有限，书中若有不妥之处，恳请读者、专家批评指正。

目 录

第一章　农村垃圾分类势在必行 / 001

农村生活垃圾有哪些 / 001

我国农村垃圾处理的现状 / 004

农村垃圾产生的原因 / 006

了解我国农村垃圾的特点 / 008

农村进行垃圾分类的必要性 / 010

农村垃圾带来的危害有哪些 / 013

农村垃圾分类好处多 / 015

农村垃圾分类存在的困难 / 018

对于农村垃圾分类的建议 / 020

第二章　农村生活垃圾的收集与运输 / 023

农村生活垃圾收运模式 / 023

农村生活垃圾收集和处理的现状 / 026

农村生活垃圾在收运过程中存在的问题 / 028

概述农村生活垃圾的收运设施 / 030

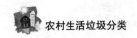

农村生活垃圾收运设施的优化配置 / 032

农村生活垃圾收集原则 / 035

第三章 我国农村垃圾处理的特点 / 037

农村垃圾与城市垃圾的对比 / 037

我国农村垃圾处理的地域特点 / 040

农村垃圾处理存在的问题 / 042

农村垃圾处理问题可采用的对策 / 044

我国农村垃圾处理模式的分类 / 047

我国农村生活垃圾处理产业化 / 049

第四章 我国农村垃圾处置的办法 / 051

生物反应器填埋技术 / 051

以堆肥形成肥料 / 054

厌氧发酵技术 / 055

好氧堆肥技术 / 058

蚯蚓生物降解技术 / 061

以填埋为主的垃圾处理方式 / 063

生活垃圾的热解气化技术 / 066

农村生活垃圾焚烧发电 / 068

水泥窑协同处置 / 071

简易垃圾填埋场的修复 / 074

农村生活干废物再利用技术 / 076

第五章 农村零垃圾及公共区域垃圾处理 / 079

让生活零垃圾成为农村新风尚 / 079

打造绿色新农村，实现种植业零垃圾 / 082

养殖业零垃圾，打破传统养殖思维 / 084

强化农村公共区域垃圾规划 / 086

禽畜养殖污染防治的脚步不能停 / 089

以农村工业污染防治为重点 / 092

第六章　实现农村垃圾资源化 / 095

农业废弃物是一种潜在的资源 / 095

农作物秸秆的资源化 / 098

"百变"的禽畜粪便 / 101

农村建筑垃圾的再利用 / 104

将稻谷壳废物再利用 / 107

农村废纸的循环再利用 / 110

农村废金属的回收再利用 / 112

农村废旧塑料不再"废" / 115

柑橘皮全身都是宝 / 118

甘蔗渣不"渣"，反而"火" / 121

实现垃圾资源化需多措并用 / 124

第七章　国内农村生活垃圾处理模式 / 127

广东农村生活垃圾处理模式 / 127

黑龙江农村生活垃圾处理模式 / 130

四川农村生活垃圾处理模式 / 132

华北农村生活垃圾处理模式 / 134

湖南农村生活垃圾处理模式 / 137

上海典型农村生活垃圾处理模式 / 140

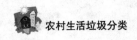

第八章　国外农村生活垃圾处理现状 / 143

美国农村生活垃圾处理现状 / 143

欧洲农村生活垃圾处理现状 / 146

日本农村生活垃圾处理现状 / 148

国外其他地区农村生活垃圾处理现状 / 150

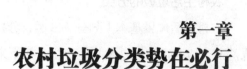

第一章
农村垃圾分类势在必行

当前,农村垃圾全收、全运成本较高,根据不完全统计显示,处理一次生活垃圾需要约300元的成本。如果一直都不进行垃圾分类的话,那么,当地政府在垃圾处理方面会花费很大一笔钱,同时大量资源被白白浪费。因此,农村垃圾分类已迫在眉睫。

农村生活垃圾有哪些

在20世纪70年代,你会在村边的水塘边看到"淘米洗菜"的情形,到了20世纪80年代,"游泳灌溉"的现象尤为普遍,20世纪90年代就开始出现了严重的"生态破坏"。如今,"垃圾围村,满河塘的臭水"早已成为一些农村的真实写照。

在农村,一些垃圾被随便丢弃、堆放,成为农村环境"脏、乱、差"最为直接的表现,也是农村最迫切需要解决的问题。习近平总书记强调,整治农村环境这件事情无论哪个地区都要施行,标准可随机制定。那么,接下来,我们了解一下关于农村生活垃圾的相关知识吧!

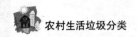农村生活垃圾分类

农村生活垃圾的概念

农村生活垃圾主要是指农民在日常生活和生产过程中产生的垃圾。主要包括可卖垃圾、可烂垃圾、煤渣灰土、有害垃圾，还有其他垃圾。需要注意的是，农村生活垃圾不包括农村工业垃圾以及农业生产垃圾。

农村生活垃圾的分类

农村生活垃圾基本上划分为5类，分别是：可卖垃圾、可烂垃圾、煤渣灰土、有害垃圾以及其他垃圾。接下来，我们根据实际分类做一下详细介绍。

可卖垃圾：这类垃圾是以当地废品回收系统为标准，将有一定价值的垃圾统称为"废品"。比如废旧家具、废旧金属、废玻璃等。

可烂垃圾：这类垃圾指可降解、腐烂的垃圾，比如枯枝落叶、剩菜剩饭、瓜果皮等。

家住永嘉县巽宅镇沙埠村的张先生很多年没有回家乡，2020年他一回来，却发现昔日的家乡早已大变样。河边的空地变成了公园，村里的矮房不见了。更让他大吃一惊的是，村里的垃圾分类工作推进得有声有色。走在乡间小路上，张先生没有看到有任何垃圾，只见每家每户门口都放着一个分类垃圾桶。

这个垃圾桶十分"接地气"，上面写着"可烂垃圾"等字眼，十分浅显易懂。这让农村的垃圾分类变得简单、易懂。不仅如此，村内还有专人负责分拣垃圾，设有公共垃圾投放点，村民的垃圾分类的意识也越来越强。正是有了"可烂垃圾"如此走心的垃圾分类标准，才让农村彻底走出了"脏、乱、差"的恶性循环，也让村里的环境彻底改头换貌。

煤渣灰土：这类垃圾指村民在烧煤做饭、取暖过程中产生煤渣，以及在庭院中产生的灰土等。

有害垃圾：这类垃圾指村民在日常生活中产生的对环境有一定危害的垃圾，比如废弃的电子产品、过期的药品等。

其他垃圾：这类垃圾主要是指除上述垃圾之外的一些垃圾，比如厕纸、纸尿片等。值得注意的是，一些可卖垃圾如果不被当地回收系统回收，则应纳入其他垃圾中。

农村生活垃圾的来源

农村生活垃圾的来源有哪些呢？让我们一起来看一下。

首先是农民产生的生活垃圾。这部分垃圾包括了燃料灰渣、包装物、厨余垃圾等有机物，当然，也包括了一次性卫生用品、废旧电池等。当前，我国农村人口有几亿人。根据相关调查可知，农村每个人每天产生的生活垃圾大概有 0.86 千克，如此算来，我国农村年垃圾产量可达 2 亿吨。

其次是农村残留的塑料薄膜。农用薄膜主要包括农用棚膜和农用地膜。随着农用薄膜技术的推广，我国的农业耕作制度以及种植结构也做出了相应的调整，促进了农业的高产、高效。不过，随着农用薄膜的广泛使用，我国消费的农用薄膜的数量居世界之首。以北京近郊调查表明，那里土壤中残留的农用薄膜的数量为总使用量的 1/3，而且，有些地方残留的比率更高。随着农用薄膜在土壤中的残留量与日俱增，白色污染对于土壤的危害将会变得越发明显，最终影响到农作物的产量。

最后说一下建筑垃圾、剩余秸秆等。随着农村城镇化建设的发展，政府加大了对农村的改造力度，使得农村建筑垃圾日益增大。随着农民生活水平的提高，不少秸秆被当作废弃物丢弃在乡间地头，有的村民会选择焚烧处理，如此一来大大增加了环境污染。

我国农村垃圾处理的现状

过去，农村垃圾的数量和种类相对较少，而且大部分垃圾容易降解，一般村民会以堆肥等方式来处理。不过，随着农民生活水平的提高，垃圾的种类和成分越来越复杂，处理的难度也变得越来越大。

目前，我国大部分农村垃圾处理为随意堆放，比如堆放在路边、田边、屋边、河边等。当然，有少部分村庄，比如省级卫生村会选择相对规范的垃圾填埋方式。另外，还有一部分在农村开办的企业会将工业废弃物肆意堆放在企业附近。接下来，详细了解一下我国农村垃圾处理的现状。

农村生活垃圾的处理现状

在农村，很多家庭会将一些有价值的垃圾存储起来，比如废旧金属、废书本等。当他们积累到一定数量时，就会将这些垃圾售卖给废品收购站，以此赚一些钱。当然，对于价值相对较低的废旧物品，村民大多选择直接丢弃。对于一些有毒害的垃圾，村民也会随意丢弃，比如废旧的水银温度计、废电池、用完的农药瓶等。这些有害垃圾会和一般生活垃圾混在一起，被堆放在农村的一角，时间一长，这些垃圾就会散发出有毒物质，从而危害人体健康。

农村建筑垃圾处理现状

农村的建筑垃圾大部分也会被村民肆意丢弃。当然，其中的废旧木材等，村民可用来烧火、做果树架等，其他的建筑垃圾比如破碎的砖瓦等大部分会被丢弃。

农村厨余垃圾等的处理现状

大部分的厨余垃圾，比如剩菜剩饭、变质的食品、腐烂的蔬菜等会直接投喂给家养的猪、羊、鸡等畜禽。

农村粪便的处理现状

当前,我国农村使用的厕所有家庭户厕、公厕化粪池、三格式倒粪池。一旦粪池装满,则以自然渗透排放处理。大部分的粪池采取二格式或一格式,这些构造没有做到无害化处理,最终直接将粪便排放到河中或田间。另外,当前不少农村还使用露天的粪池,这种粪池不仅影响村貌,更污染周边的环境,影响着村民的健康。

在江苏省相对发达的一些农村,随着生活条件的提升,村民更加注重卫生和健康。很多村庄自发进行厕所改造,比如苏北某镇,一些村民自发进行厕改,之前使用的旱厕,大概每3个月清理一次。夏天上厕所时,苍蝇四处飞,冬天又特别冷。趁着娶媳妇、家里装修等事情,直接将厕所也改了。

当然,不少村民嫌厕改费用较高,又嫌清理粪池麻烦,于是将新的厕所安置在河边,在粪池中插根管子,粪池满后,直接顺着管子排入河中,随之一些河道便会被粪便堵塞。

厕所虽然小,但谁都离不开,这是人们最基本的需求。尽管农村经济飞速发展,但农村依然沿用着传统的厕所。随着农村不断发展,农村厕所也将面临一场革命。

农村养殖垃圾的处理现状

近些年,农村的养殖发展相对迅速。不过,大部分属个体户养殖,由于他们缺乏环保意识,以致无序管理,最终给环境带来非常大的污染。他们直接将未经处理的畜禽粪便排放到周边,比如路边、河边等,招致大量的苍蝇、蚊子等,严重污染环境。大部分养殖户之所以不愿使用无害化处理设施处理畜禽粪便,最关键的原因是成本过高。

农村种植垃圾的处理现状

农业种植过程中产生的垃圾,村民通常都会把它随意丢弃在田边。比如,种植大棚时使用过的化肥袋子、废旧薄膜等。而裁剪下的果树枝条等,村民会将其中一部分拿回家作为烧饭的柴火,另一部分则直接选择露天焚烧。

综上所述，农村垃圾处理现状与城市相比相差较远。尽管我国各地都出台了有关垃圾处理的规划，但乡镇规划并不完善，如此一来，无法从根本上解决农村日益凸显的环境问题，这也成为城乡统筹发展的主要矛盾之一。

农村垃圾产生的原因

随着我国农村环境恶化，农村垃圾问题成为人们关注的焦点。另外，随着农村垃圾中不易降解的成分不断增加，我国农村环境问题也被推向了明处。

农村垃圾问题并非一蹴而就的，它是一个由量变到质变的过程。而村民对垃圾危害认识不够、农村垃圾处理投资不足等因素都是造成农村垃圾产生的原因。接下来，一起了解一下农村垃圾产生的原因有哪些。

村民环保意识低下

不少村民环保意识低下，他们并没有意识到垃圾对于人类的危害。具体表现有：

第一，他们不能对垃圾进行正确分类，通常采用随意堆放、焚烧等方式来处理垃圾。

生活在福洞村的村民表示，他们村子有一个大的"垃圾池"。原来村里有一个池塘，可是那里却被堆满了垃圾。只见池塘里漂浮着各种塑料膜、泡沫、饮料瓶等，池中的水十分浑浊，时而散发出一阵恶臭。其实，这一直是福洞村的顽疾，部分村民不自觉，总将垃圾倾倒在这个池塘中，以致一个好好的池塘变成了一个恶臭的"垃圾池"。

第二，维权意识相对低下。不少农民并没有意识到建在村里的垃圾收容所给自身带来的危害，他们只关注自身从中能获得多少补偿。正是这种占小便宜的思想，以致大量垃圾被运往农村。

在一条笔直的公路上，一辆载满垃圾的大卡车开往一个村庄。该村经营垃圾是一个公开的秘密，经营者是附近的村民，一些村民会让司机将垃圾倾倒在指定的位置。每车收费30～50元。当然，垃圾种类、车辆大小等也会影响收费的金额。

第三，一些农民存在"各扫门前雪"的思想，这也加大了农村垃圾处理的难度。伴随着农村经济的增长，"假垃圾"也不断涌现在村民的生活中。所谓"假垃圾"，主要是指本可以继续回收利用的物品，却直接沦为了垃圾。

农村垃圾处理投资不足

在"十五"期间，政府拨了一大笔专项资金，专门用于治理环境污染。不过，大部分的资金被用于城市，只有少部分用于农村。由此可见，农村垃圾处理发展的关键是资金不足。由于农村经济发展相对落后，伴随着农业税的取消，村内公用资金相对匮乏，无法为农村垃圾处理提供有力支持。为此，大部分的农村鲜少设有垃圾处理场、垃圾池等。不少村民随意将垃圾倾倒成堆。如此一来，农村垃圾的问题愈演愈烈。

农村垃圾处理缺乏整体规划

农村在垃圾管理过程中缺乏整体规划，比如，在垃圾收集及运输过程中，没有形成一个整体规划。根据属地管理的相关原则可知，各乡镇、行政村仅负责管辖所属区域的生活垃圾。这在某种程度上形成各自

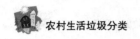

为政的窘境。以致不少乡镇公共区域出现了垃圾处理死角。

城市垃圾频繁"下乡"

部分小城市受技术、资金等因素困扰，将市区内多余的垃圾运往郊区或农村。根据相关调查显示，城市大部分垃圾未经无害化处理便直接清运到农村，这也是导致农村垃圾问题的一个重要因素。

邢台市桥西区张东村的村西有一片岗坡地，人们称为"张东岗"。张东岗有着丰富的植被，夏季时分，能看到翠色欲流。不过，随着城市垃圾的倾倒，张东岗的环境发生了翻天覆地的改变。当地的村民说："刚开始，前来倾倒垃圾的车辆比较少，随着时间的推移，运输垃圾的车辆越来越多，堆放在张东岗的垃圾也就越来越多。"几年之后，张东岗早已变成了垃圾山。一些村民表示，张东岗的不少坑被填平，甚至有的海拔还在不断提高。

毫无疑问，城市垃圾"下乡"，加剧了农村生态环境的恶化，也为后续生态危机的发生埋下了祸根。

了解我国农村垃圾的特点

我国农村生活垃圾的产量、成分等会随着经济发展、生活习惯、季节等因素的变化而有所变化。那么，你知道农村垃圾都有哪些特点吗？

不少农村地区垃圾没有得到及时清运，以致严重污染到农村环境，滋生了蚊虫、鼠、蟑螂等害虫，威胁着广大民众的身心健康。为此，整治农村垃圾问题迫在眉睫。不过，在整治农村垃圾之前，首先要弄明白农村垃圾的特点，这样才能更好地对症下药，从根本上治理农村环境。

农村垃圾种类多、总量大

农村垃圾的种类繁多，包括生活垃圾、养殖垃圾、林业废弃物等，大概有40多个品种。农村生活垃圾则包括厨余垃圾、废弃金属、玻璃、食品包装袋等。畜禽养殖过程中所产生的垃圾有畜禽粪便以及死亡的畜禽尸体。畜禽粪便又包括牛粪、羊粪、鸡粪等。死亡的畜禽尸体指在养殖过程中，养殖户丢弃的病死的牛、猪等。林业废弃物有废弃的木材、坏死的果树等。

《全国农村环境污染防治规划纲要（2007—2020年）》（环发〔2007〕192号）显示，每年我国农村垃圾年产量在2.8亿吨左右。之前，卫生部对全国环境卫生大调查，从中得出农村人均垃圾日产量为0.86千克。以此类推，全国农村生活垃圾年产量在3亿吨左右。

金盆湾村一共有635户、2086人，每人每天大概会产生0.5～0.8千克的垃圾。每周最多可产生12吨左右的垃圾。

由此可以看出，每年我国农村垃圾呈爆发式增长，今后农村垃圾依然会呈持续上升趋势，尤其是经济相对发达的农村，生活垃圾产量的增长速度也会变得更快。

农村垃圾分布较分散

由于农村村民居住相对分散，尤其是山区，所以农村产生的垃圾会相对分散。政府为改善农村卫生状况，为一些农村设置了固定垃圾桶。不过，数量相对有限，而且垃圾桶摆放相对集中，如果垃圾桶太分散，不利于垃圾车的运输。

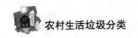

另外，不少农村由于垃圾桶数量有限，农民居住又相对分散。居住在垃圾桶投放点附近的农民扔垃圾相对方便，而住在外围的农民则需要走一段路扔垃圾，确实不太方便。如果顺路的话，他们就会将垃圾丢到垃圾桶中，如果不顺路，他们会选择顺手将垃圾丢在路边或草丛中，这也是造成农村垃圾分布分散的根本原因。

农村垃圾的成分相对复杂

随着经济发展，农村垃圾的成分发生了很大变化，其成分越来越接近城市垃圾成分。农村的生活垃圾不仅包括厨余垃圾、果皮等，还包括包装盒、废塑料等垃圾，这些都曾是城市生活垃圾的特征。另外，由于季节、饮食、生活水平等因素影响，我国不同地区，即便是同一地区不同农村的生活垃圾成分也各不相同。一般南方农村垃圾的有机物含量较高，而北方垃圾的无机灰渣含量较高。也有例外，对于同为南方地区的湖北麻城和重庆而言，这些地区产生的无机灰渣含量要高于厨余垃圾。

另外，一些有家庭小作坊的农村，生活垃圾中会混杂一些农业固体废弃物，从而使得垃圾呈现出"地域特色"。与此同时，经济较为发达的农村，生活垃圾的成分和周边城市成分相差不大。由此可见，城市的生活方式会影响周边农村。

需要注意的是，我国农村生活垃圾主要有两大成分，北方以无机垃圾为主，如煤渣、砖石、灰土等，这是因为北方农村在冬天会烧炭、烧煤做饭，随之会产生大量的煤渣。而南方大部分农村的生活垃圾以有机垃圾为主，如果皮、食物残渣、草木灰等。

农村进行垃圾分类的必要性

中国为什么要迫不及待地开展垃圾分类呢？因为中国不仅是一个人口大国，还是一个生产垃圾的大国。多年来，一些地区因为没有妥善处理垃圾，以致发生了垃圾"围城"。而对垃圾进行分类，可从源头上解决农村垃圾问题。

第一章 农村垃圾分类势在必行

在农村进行垃圾分类的原因有很多,比如农村垃圾污染危害了环境、农村垃圾污染严重威胁到农业食品安全等。不仅如此,大部分垃圾可被回收利用,可有效节约社会资源。对垃圾进行分类可从源头上对垃圾进行减量化,也可以从根本上做到节约垃圾处理成本等。接下来,让我们再详细了解一下。

农村垃圾污染越发明显

农村地大物博,为农村垃圾堆放提供了非常大的容纳场所。尽管一朝一夕所产生的垃圾看似对社会不会造成太大的影响,但是日积月累之下,垃圾量会不断增加,其危害程度将无法想象。为此,通过对农村垃圾进行分类,能更好地减少农村垃圾带来的严重危害。

农村垃圾威胁到农业食品安全

我国是农业大国,随着农村垃圾污染越发严重,粮食生产安全问题也就越发凸显。粮食安全包括粮食数量和粮食质量。一旦农村垃圾污染得不到有效治理,将会对粮食数量和粮食质量造成很大影响。这也是在农村进行垃圾分类的原因之一。

有利于节约社会资源

农村的生活垃圾中也包括废电池、废纸、废旧金属等,这些垃圾中有一大部分属于可回收利用的资源。接下来,让我们进一步了解一下不同种类可回收利用的废旧垃圾的资源回收利用率。

每 1 吨废纸可以制造 850 千克的好纸,可以节省 300 千克的木材,还可以大大减少重新生产纸张过程中制造的污染;对于剩菜、剩饭、果皮等食品类的垃圾,利用生物技术,可对其进行堆肥,每 1 吨的食品类垃圾可生产出 0.3 吨的有机肥。

总而言之,农村中的 30%~40% 的生活垃圾是可回收利用的,如果农民可以做好垃圾的分类处理,无疑是将潜在的资源重新进行循环使用。

有利于节约生活垃圾处理成本

农村生活垃圾处理的成本主要用于垃圾的收集、运输等方面,主

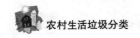

要包括：垃圾收集费、垃圾运输费、填埋场的建设费用等。由于农村地广人稀，村民居住相对分散，无法实现垃圾桶、垃圾房等垃圾处理设施的全面覆盖。所以，相比城市而言，农村垃圾收集和运输的成本相对较高。部分地区政府由于财政收入不佳，难以承载后期垃圾处理的费用。为此，在农村开展生活垃圾分类收集及处理，能有效提升垃圾的可回收利用率，实现资源综合利用，从源头减少垃圾的产生，也可以大大降低后期对垃圾处理的费用。

农村垃圾污染阻碍了可持续发展

农村垃圾问题愈演愈烈，农村垃圾的治理难度也在不断增加。如果想要控制农村垃圾的恶性循环，需要从完善农村垃圾分类平台，鼓励农民积极参与其中开始，这对于优化农村环境、推动可持续发展有着非凡的意义。另外，农村人口比重相对较大，也能更好地展现出农村垃圾分类给农民带来的好处。

发展绿色理念的必经之路

习近平总书记指出，生态环境的破坏不仅影响经济的可持续发展，更影响着群众的健康，这早已成为突出的民生问题，中国必须要花大力气去解决。为此，在农村推广垃圾分类不仅是保护环境，也是实现低碳发展、绿色发展的重要途径。

在农村进行垃圾分类，要严格遵循减量化、再利用、再循环的原则。将垃圾经过仔细分类，进而实现有价值的物质的回收利用，以此减少对新资源的利用，从源头上节约资源。与此同时，将垃圾进行无害化处理，也是从源头上避免垃圾对环境和生态的破坏。

农村垃圾威胁到农民的身体健康

近些年，中国对农村发展和农民健康越来越重视。不过，大部分农民依然从事传统的农业生产，在此过程中所产生的垃圾，一方面不利于中国现代化推进，另一方面也对农民自身健康构成严重的威胁。所以，农村垃圾分类处理势在必行。

农村垃圾带来的危害有哪些

相信你一定见过这样的情形：垃圾将路堵了，垃圾堆附近飞着蚊蝇，垃圾里渗下的水流到了附近的河里……众所周知，垃圾肆意堆放对于人、自然、社会会产生严重的危害。正所谓：小垃圾，折射大环境，影响大生态。

农村垃圾肆意堆放，会使垃圾四周滋生各种病原体。不仅如此，如果垃圾没有得到恰当处置，会向大气中释放有毒气体，垃圾渗滤液会污染土壤、地下水，从而进入生态系统，破坏生态环境，危害人体健康。

农村垃圾对环境的危害

农村垃圾会污染农村环境。由于农村垃圾处理设备匮乏，不少农民将垃圾堆放在家门口。一旦有大风刮来，垃圾就会随风飘扬，它们有的会被挂在树上，有的会飞到屋顶，还有的躺在路边。每逢雨季，垃圾浸泡在雨水中，导致污水横流，这些都会增加疾病传播，严重污染农村环境。

在村民王某家门口，有一个约四百平方米的垃圾厂，那里堆放着牛粪、死猪、厨余垃圾等。王某说，原先那里是一个大坑，可是在这几年，那里的垃圾越堆越多，垃圾都快把道路占了。即便如此，也没有人对这些垃圾进行清运。不过，每逢有人下来检查村卫生时，村里会找人

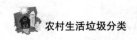

用推土机将垃圾推到大坑内。每到夏季，王某家门口总是臭气熏天，迎面飞来的都是苍蝇。所以，他家周边的环境十分恶劣。王某9岁大的孙子说，他很想在家门口玩耍，可是只要待的时间稍微长一点，就会感到头晕、恶心。

垃圾会污染水资源。在农村，有这样一种现象随处可见，垃圾飘在河里、湖里、池塘里。尤其是一些有毒的垃圾一旦进入水体，将会杀死水中的动植物。不仅如此，农村垃圾在堆积过程中会产生渗滤液，这种渗滤液的毒害能力非常大，它们一旦进入地下水，则会通过水系统污染河流、海洋等，最终导致水资源污染和匮乏。与此同时，垃圾在堆放的过程中还会产生酸碱性物质，一些垃圾还会溶解出有毒的重金属物质。在雨水的冲刷下，这些污染物会侵入周围的地表水。

农村垃圾对农业生产的危害

农村垃圾会侵占大量土地。不少垃圾被堆放在河道、废弃的河塘、水渠、田间等地，这无疑侵占了可播种的农田，大大减少了耕地面积。

农村垃圾会破坏土壤结构。垃圾中含有大量的农用残膜，一旦残膜进入土壤，会改变土壤的孔隙率、含水率、渗透性等物理特性，进而阻碍土壤和空气、植物之间的水、气、热等的转化，从而降低土壤的肥力，最终导致农作物减产。

在一个村庄里，只见一辆旋耕机正在地里作业，旋转刀经过的地方，地膜会和秸秆一同被搅拌到土壤中。一位村民说："每年都要覆膜，可是不旋到地里又无法耕种。"这位村民家连续8年使用了地膜，现在土壤中的碎地膜越来越多。有时地耕完之后，放眼望去，满地都是地膜的碎片，已经严重影响到了农业种植……

农村垃圾会毒害农作物。农用塑料膜的主要成分是聚乙烯化合物。人们在生产农用塑料膜时会添加大量的增塑剂，这种物质会妨碍农作物的光合作用，从而影响农作物的生长、发育，进一步使得农作物生长缓慢，严重时则会出现农作物黄化死亡。

农村垃圾对村民健康的危害

农村垃圾中含有各种病毒以及有毒物质，它们会通过多种渠道传播各种疾病。比如通过地下水污染蔬菜、农作物。这些病毒及有毒物质在食物链中富集后，又会被人类摄入。还有一些农村垃圾直接露天堆放，不仅滋生各种蚊蝇，还会招来老鼠。另外，农村卫生所肆意丢弃的各种医用垃圾，比如一次性注射器、药品等。因为孩子缺乏对医用垃圾危害的认识，他们会把注射器、药品等当作玩具。这无疑会威胁到孩子的身体健康。

农村垃圾分类好处多

每天我们会产生很多垃圾，在很多人看来，这些垃圾又脏又臭，毫无用处。实际上，垃圾不过是放错地方的资源，它们有自己的利用价值，如果我们能将它们分类投放，有些垃圾就能实现回收再利用。

生态兴则文明兴，生态衰则文明衰。所以，生态问题是我们一直研究的话题，它涉及我们的生活环境，也关系着人类未来的命运。而垃圾分类则是改善生态的一个有效举措。小小的垃圾分类，可以让我们的生活变得更美好、更舒适。那么，在农村进行垃圾分类的好处都有哪些呢？

垃圾分类，减少污染

你是否想过这样的一个问题，我们丢弃的垃圾是否会从地球上消失？可以肯定地说，垃圾不会无缘无故地消失，甚至有些垃圾比我们人类的寿命还要长。比如，将香蕉皮完全降解，需要一个月左右的时间，将一个塑料袋完全降解，大概需要数百年的时间，将一个玻璃瓶完全降解，大概需要上千年的时间。

对于我们的生态环境而言，垃圾属于外来侵入者。我们肆意丢弃的垃圾，有的会进入荒野，有的会漂到海洋中，甚至还有不少垃圾被野生动物误吞……试想，如果一只海龟从幼年时就被塑料缠住，那么即便它能活下来，长大后身体也会变得畸形。日常生活中，新闻也报道了很多关于鸟类误食塑料袋后痛苦死去的事……诸如此类的事件还有很多。

为此，不随意丢弃垃圾，将垃圾分类收集，并投递到相应的垃圾桶中，是我们每一个人应尽的义务。

垃圾分类，变废为宝

农村垃圾中有很多是可以回收利用的，比如易拉罐、啤酒瓶、废旧报纸等。只要将这些物品进行相应的加工处理，它们就可以拥有"第二次生命"。

在智利，一些家境贫困的妇女最先参与废弃物再利用的项目中。她们平时的工作就是将初步分拣出的有机垃圾再次进行分类，然后用分拣出来的有机垃圾投喂蚯蚓。3个星期之后，这些蚯蚓就会将这些有机垃圾转化为排泄物。这种排泄物被人们称为"蚯蚓土"，是一种不错的肥料。将这些蚯蚓土售卖到市场上，可得到一笔不菲的收入。如今这些妇女已经将这种工作当成一种事业并持续做下去。

可是，如果将垃圾混合，还可以回收吗？对于这一问题，我们来做个试验。比如，纸张是可回收的，剩饭剩菜也是可回收的，将两者混合在一起，它们就不能被回收利用了。所以，想要实现垃圾减量化、无害化、资源化，一定要做好垃圾分类，这也是建设生态文明的基础。

另外，不同垃圾对应的清运方式各不相同。如果将垃圾混在一起，无疑会降低垃圾处理的效率，还会造成严重的环境污染。

垃圾分类，减少占地

生活垃圾是农村发展的附属物，当我们的生活变得便利时，生活中产生的垃圾也会越多。以某地区农村生活垃圾产量为例，该地区每年大约能产生1吨/立方米的垃圾，那么，该地的垃圾积攒两年半，就能堆成一座高100米、占地100公顷的椎体。由此可见，如果不能及时对这些垃圾进行分类处理，那么再过几十年，人们只能在垃圾堆上生活。

和大部分农村一样，辛庄村的村头有一个深坑，专门用于填埋垃圾。由于当地农民环保意识薄弱，那里露天堆放着各种混装的垃圾，而且这个巨大的垃圾坑马上就要被填满了。后来，辛庄村的村委会招募一批志愿者开始动员全村村民进行垃圾分类，他们向村民讲解垃圾分类的知识，每家每户配备了"两桶两箱"。与此同时，辛庄村撤销了村里屈指可数的垃圾点，让村民自行在家中进行"两桶两箱"粗分类，定点集中扔垃圾，垃圾被运输到转运站后会再次做更细致的分拣。如今，那个巨大的垃圾坑的垃圾被处理掉之后，辛庄村变得更加美丽。

托夫勒在《第三次浪潮》中指出："继农业革命、工业革命、计算机革命之后，影响人类生存发展的又一次浪潮，将是世纪之交时要出现的垃圾革命。"

所以，我们不仅要从源头上做到垃圾分类投放，还要在运输以及末端处理时，都坚持垃圾分类，这样才能真正做到垃圾全程分类。

人类的历史和垃圾的历史一般长，人类对垃圾的烦恼和处理垃圾的智慧是相对等的。每个人都是垃圾的制造者，那么，每个人也都有义务做到垃圾分类，这也是我们每一个人的责任。在垃圾分类面前，没有旁观者，只有参与者。

农村垃圾分类存在的困难

推进垃圾分类的重点在农村，由于农村垃圾处理能力和城市相比悬殊较大，为此农村垃圾分类需结合农村实际进行。另外，建设美丽乡村必须要推进农村垃圾分类，这也是振兴农村的应有之义。

当前，政府已经加大对农村垃圾分类的力度，在农村积极开展垃圾分类的工程。这对于国家和农民都有着重要的意义。不过，农村生活垃圾有点多、量少、面广的特点，为此，在农村垃圾分类过程中存在着很多问题。接下来，我们将围绕几个关键的方面展开介绍。

农村垃圾分类体制不够健全

就目前来看，政府并没有为农村垃圾分类建立完善的协调和监管机制。另外，相关部门对于垃圾分类没有达到统一的认识。部分乡镇在发展经济的同时，往往忽略经济对环境造成的影响，尤其是对农村环境卫生造成的影响。尽管政府建立了城乡一把扫帚的制度，但是农村在落实中的力度还有待加强。

农村垃圾分类的专项资金不足

农村垃圾分类处理的健康运转需要资金支撑。从现状来看，大部分村镇经济实力低下，村委会财政收入有限。与此同时，农村垃圾处理的收费机制在推行过程中也遇到了各种困难，这也是造成农村生活垃圾治理等能力不强的重要原因。

农村垃圾终端设施问题重重

农村垃圾分类处理的终端设施包括太阳能沤肥设施房、垃圾制肥机设施房等，可是这些终端设施房需要一定的占地面积。由于农村没有建设用地的指标，所以，即便选择村内闲置的土地，却依然无法避免占用农用地，从而导致农村垃圾分类处理在终端设施推进过程中问题重重。

第一章 农村垃圾分类势在必行

农村垃圾分类的宣传教育不强

推动农村垃圾分类的重要举措是在农村进行媒体宣传。毫无疑问，村干部则是基层管理中的主要力量，农村环保行动是否能有序执行，关键在于农民环保意识的强弱。

在长兴县李家巷镇刘家渡村，一位村民王某正负责宣传垃圾分类知识，另一位村民却说："农民只管种地，管什么垃圾分类的。你真是正事不干，干的都是些无关紧要的事情。"王某知道这位村民是一个犟脾气的人，他曾几次上门劝说，让他对生活垃圾分类，可是每次都被赶了出来。另外，这位村民特别喜欢收集各种瓶瓶罐罐，然后将它们堆放在家门口，不让垃圾清运车拉走。

从上面的例子中不难看出，在农村进行垃圾分类宣传，是提升农民环保意识的重要途径。可是相关调查显示，不少政府在农村的宣传教育做得不到位，另外，宣传的手段和方式比较枯燥。

垃圾处理设施低下，制约分类开展

从收集以及运输的方式上来看，部分农村在源头上的分类并不彻底，部分农村虽然从源头进行垃圾分类，但在运输中却采取了混合收集的方法，这影响了农民从源头分类的积极性。

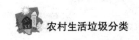

2019年，何某在运输郭洞村的生活垃圾时，将垃圾进行混合收集运输。何某是村里的垃圾分拣员，每天会到每家每户收集村民分好的生活垃圾，然后将垃圾运输到垃圾房进行分类投放。不过，他在实际工作中却出现了混合收集运输生活垃圾的行为。

从垃圾运输的层面来讲，不少地方依然在使用三轮车、板车等，这种运输工具的效率不仅低下，还容易带来二次污染。加之，垃圾处理终端的保洁员年龄偏大，文化水平低下，终端设施低下，这些都制约着农村垃圾分类的开展。

对于农村垃圾分类的建议

走进肥东县某村，只见每家每户门口都放着两只小垃圾桶，不远处还摆放着四种颜色的大垃圾桶。村民需要根据生活垃圾的类别，先在自家门口的垃圾桶进行投放。每天一大清早，再统一倒入对应的大垃圾桶内……

农村垃圾分类治理是一件民生事业，它关系着千家万户的生活，也影响着生态文明的推进。所以，农村垃圾分类看似是小事，但它的涉及面非常广泛，在工作推进过程中也是千头万绪，这是一项长期且艰巨的任务。所以，为更好地推动农村垃圾分类的进程，不妨参考以下建议。

强化领导，并加大资金投入

建立垃圾分类监管机制，强化组织领导，明确相关部门在践行垃圾分类过程中的职责，从而明确县、乡（镇）、村的分工。另外，可出台相应农村垃圾奖励机制，对于农民在垃圾分类过程中的优秀表现，可予以物质或精神上的奖励。与此同时，调整财政收入，加大投入农村垃圾治理经费。

开展通俗易懂的宣传教育

当垃圾分类的宣传教育变得通俗易懂时，才能从根本上提高农民对于垃圾分类的兴趣，进而提升农民对垃圾分类的认识。为此，相关部门需以多种形式，更好地展开宣传。比如，以大手牵小手的活动形式，带动每家每户开展垃圾分类活动。

岭头村文化活动中心开展了"垃圾分类，从我做起"的游园活动。活动方邀请了岭头村内30多个孩子及其家长参与。村委会通过游戏的方式，进一步开展垃圾分类工作，活动充分体现了"大手拉小手"的观念，让大小村民在游戏中了解到垃圾分类的知识。在活动现场，举办方开展了垃圾分类知识竞答题，他们教孩子们正确区分"有害垃圾""厨余垃圾"等，让孩子们和家长在活动中学会了正确进行垃圾分类。

针对这种情况，村干部可以将村内热心的群众组建成志愿者队伍，在村内开展垃圾分类红黑板等平台，实现垃圾分类从垃圾源头开始，从每一个人做起。

点面结合，让分类更高效

做好试点示范，发挥以点带面的效应，不断扩大垃圾分类的范围。抓好风景线沿线村庄以及人口密集村庄的试点工作，因地制宜地使用沼气处理、太阳能堆肥等终端处理模式，逐步建立垃圾分类的全过程体系。

循序渐进，施行长效管理

农村垃圾分类是一项复杂的系统工程，它不会一蹴而就。为此，政府应结合长效机制，制订科学的整治方案，制定常态化的垃圾分类举措，避免出现"一阵风""走过场"的现象。

健全相关法规，让分类更有保障

县政府可针对生活垃圾分类出台相关政策，明确不同阶层人的责任，建立明确的奖惩机制，不断规范农村垃圾分类处理工作。与此同时，利用村规约束村民，进而达到各方利益的协调统一。

充分发挥市场调节作用

将垃圾分类收集发展为市场化运作是至关重要的一项举措。政府应积极引导企业等第三方加入农村垃圾治理的过程中，从而提高垃圾处理的效率。

为高效推进垃圾分类，故村镇引入了"小黄狗"智能垃圾分类回收机。在"小黄狗"被引入当天，村民对这款机器充满好奇。负责"小黄狗"的指导人员耐心地为村民讲解这款回收机的操作流程。一旁的村民认真学习，他们还亲自体验了垃圾投递。在垃圾投递后，手机内就有相应的环保金到账，这让垃圾分类的举措变得更有科技范儿。

另外，政府还可以扶持一些可再生资源的公司，提高可回收垃圾的利用率。同时，政府还应健全垃圾终端处理设施，扶持专门负责垃圾处理的企业，使得垃圾分类处置逐步走向市场化。

以科研为驱动，推动垃圾处理产业链

政府可鼓励相关高校，对垃圾分类处理展开实证研究，从而为政府解决垃圾分类处理提供有力依据。从企业层面而言，可利用自身实力，进而促使垃圾处理产业链的形成，推动农村垃圾分类处理的步伐。

第二章
农村生活垃圾的收集与运输

随着新农村建设脚步的推进,各级政府对农村生活垃圾问题也越来越重视。政府在加大投资力度,为农村生活垃圾提供基本的设施、技术等,以此改变农村的村容村貌。不过,由于我国地域辽阔,农民的居住呈现出"大分散,小集中"的特点。农村生活垃圾处理情形依然不太乐观。

农村生活垃圾收运模式

如今,不少农村地区因地制宜,各出奇招,探索着农村生活垃圾收运新模式,推动着农村"创文"工作的开展。

垃圾的收集和转运在整个垃圾管理系统中有着举足轻重的地位,这两个过程最为繁杂,还影响着整个垃圾管理的成败。接下来,让我们一起了解一下农村生活垃圾的收集和转运的含义,以及它们的相关模式。

农村生活垃圾的收集及模式

垃圾的收集主要是指垃圾收集车等将源头的垃圾以各种收集方式装到垃圾收集车上的过程。农村生活垃圾的收集关系着村庄的干净、整洁。那么，生活垃圾的收集模式又有哪些呢？

根据垃圾源头看垃圾是否进行了分类，可划分为分类收集和混合收集。分类收集相对复杂，对村民有着较高的要求，前期需要投入大量资金，并且在管理及推广中存在较大的困难。相比之下，混合收集的操作相对简单，且成本较低，不过垃圾的回收利用价值却大大贬值。总而言之，分类收集不仅可以减少垃圾的产量，还能实现垃圾的综合利用。

根据垃圾包装方式可划分为袋装收集和散装收集，而袋装收集可有效规避垃圾的二次污染等问题。不过，由于使用了大量的垃圾袋，极易造成二次污染，后续相关人员还要对袋装进行处理。散装收集则容易出现污水横流、垃圾散落等问题，严重威胁着垃圾收集人员的身心健康。

在某乡村，随着村委会限制使用塑料袋包裹垃圾后，不少村民直接将垃圾胡乱丢弃。在本村生活的魏女士表示，如今村里胡乱扔垃圾的人越来越多，眼下又是夏季，露天的垃圾极易腐烂、变臭，这让附近的村民难以忍耐。尤其到了晚上七点左右，更多村民拎着腐烂的菜叶子等，丢弃在垃圾桶里，还能看见老鼠大摇大摆地穿梭在垃圾中。该村的保洁员说，这些露天垃圾十分恶臭，污水横流，垃圾旁的蚊蝇也尤其多，这些都大大增加了垃圾收集的难度。

根据投放方式，可划分为上门收集和自主投放。顾名思义，上门收集就是保洁员等直接到农户家收取垃圾。自主投放指村民自主将垃圾投放到垃圾收集点。相比之下，自主投放没有时间限制。

根据收集场的类型，可划分为流动收集和定点收集。流动收集指保洁员等沿着道路等收集村民摆放在家门口的垃圾。定点收集指保洁员定时或不定时收集垃圾桶内或垃圾房内的垃圾。这两种类型相比，流动收集会受到时间限制。

农村生活垃圾的转运及模式

什么是垃圾的转运？主要是指将垃圾运输车辆等收集完的垃圾运转到大型运输设备，即运输到终点的过程。由于运转次数的不同，可划分为直接转运、一级转运和二级转运。

直接转运：这种运转模式适合生活在垃圾处理厂附近的农村，其运转距离要在20千米之内。需要注意的是，这些农村的人口密度相对低下、垃圾产量大、道路相对平坦。运转过程中需要配置吨位相对较大的车辆。这种模式的缺点是，前期投资较大。另外，大部分农村地区没有建立垃圾处理厂，这无疑降低了适用性。

一级转运：又称为二次运输。这种运转模式的前期会使用小型运输车辆，将垃圾从收集点运往中转站后，然后配置大型运输车辆将垃圾从中转站运输到垃圾处理厂。这种模式更适合中、长距离运输。比如人口相对密集、道路设施较差、距离垃圾处理厂较远的农村。

二级转运：又称为三次运输。这种模式适用于运输大产量的垃圾、收集点距离最终处理场较远的农村。这种模式需要先后配置小型运输车辆和大型运输车辆将垃圾运输到大型中转站，随后，中转站会配置15吨位以上的大型车辆将垃圾直接运输到最终处理场。对于垃圾处理模式为"村收集→镇转运→县市处理"的农村可采用这种运转模式。

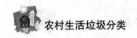

农村生活垃圾收集和处理的现状

走进不同的农村时,可能会看到一个干净、整洁的农村,也可能看到一个肮脏、凌乱的农村。为什么会出现这样截然不同的现象呢?归根结底,源自村庄的收集和处理能力的不同。

当前,我国农村大部分生活垃圾处理以混合收集、统一清运、集中处理的模式进行管理,尽管在某一阶段取得了一定成效,可是,对于经济相对落后的农村,这种模式无法被大力推广。所以,大部分农村的生活垃圾依然处于粗放管理状态。

相关调查显示,农村生活垃圾收集与处理的现状主要有三种,分别为:有收集有处理、有收集无处理、无收集无处理。

有收集有处理的现状

当前,我国农村开展了城乡一体化的垃圾处理模式,即"户收集、村集中、镇转运、县市集中处理"。

对于一些经济相对发达的农村基本上做到了有收集有处理的局面。在垃圾处理设施方面,村内的垃圾桶、垃圾池等已经逐步形成;在运输方面,组建了相应的保洁队伍,专门负责村内卫生维护;在集中处理方面,可将收集好的垃圾及时运往垃圾场处理;在收集、运输经费方面,各区县建立了三级资金保障机制。简单来说,就是村级主要负责垃圾的收集费,乡镇则负责专职队伍的运行费,县级则承担处理费,等等。

在这样的大背景下,部分发达的农村已经开始从垃圾源头展开分类,即生活垃圾分类收集、分类处理模式。在这样的境遇下,政府通常会为每家每户配备同等规格的垃圾袋、垃圾桶等。如此一来,村民需要将生活垃圾按照不同种类进行分类投放,或由保洁人员定时定点收集。

家住王村镇王村的村民张大爷说:"政府都给我们买了垃圾桶,村干部还给送到家里,如果我们再不讲卫生,实在说不过去了。"原来当地市政府为了改善农村生活垃圾在收集、运输过程中的环境问题,花巨资为当地农民配置了垃圾桶以及垃圾运输车。如今,王村大街小巷都十分干净。

第二章 农村生活垃圾的收集与运输

其中,可回收的厨余垃圾以及灰土垃圾,政府会对其进行堆肥,就地消纳;有害垃圾会被统一运往专业处理的企业;可回收利用的垃圾会售卖给收废品的部门。

总之,将农村生活垃圾从源头上进行分类,不仅可以提高垃圾的资源利用率,还能减少传统垃圾收集、运输模式过程中带来的二次污染。

有收集无处理的现状

在经济能力较弱的农村,因无力建设无害化处理设施,当地只能对垃圾在源头处进行收集,却无法再进行末端处理,如此就出现了有收集无处理的现状。在这样的情形下,农村的垃圾堆存量越来越大。另外,村内的垃圾桶、垃圾池等收集设施都是由乡镇或村委集资修建的。当地的农民将各自产生的生活垃圾投放到垃圾收集点,村内专门的保洁员会定期或不定期地将垃圾收集点的垃圾清运到无人区堆放,这一过程仅仅是将垃圾挪到远离村民的地方,这样很容易对当地的环境造成了二次污染。

无收集无处理的现状

在一些地处偏僻、经济能力较差的农村,生活垃圾的处理处于无收集无处理的现状。由于当地的乡镇及村委会无力承担垃圾处理的费用,只好任由当地村民自行将垃圾随意丢弃,以致呈现出"四无"状态。即无固定垃圾收集点、无固定保洁队伍、无清运工具、无固定垃圾填埋专用场。

走进西安周边的一些农村,你会看到村内生活垃圾肆意堆放情况严重。栾镇东留堡村的一位村民说:"村内的卫生还算可以,村西头才是脏,那里堆放着村子里一年的生活垃圾,也没有人清运。"之前那是一条水渠,现如今,这条水渠的一半已经被垃圾填平。在村西头居住的一户村民说:"这些垃圾都快堆到我家门口了,每逢下雨天,我家门口总积着被冲下来的垃圾,每次我都得拿铁锹处理。"

从上述案例中可以知道,这种无收集无处理的现状导致了村内环境恶劣,直接对当地环境造成二次污染等。

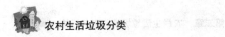

农村生活垃圾在收运过程中存在的问题

随着农村经济的发展，农民生活水平的提高，生活垃圾的种类更加繁杂，垃圾处理的压力也越来越大。因此，农村生活垃圾的收运效率高低关系着农村垃圾是否能达到无害化、减量化、资源化的要求。

相关调查显示，我国大部分农村没有形成完善的生活垃圾收运体系，以致在收运过程中存在各种污染问题。另外，现有的简易填埋场规模小、设施低下，无法彻底处理生活垃圾填埋过程中形成的废气、废水、废渣等。接下来，我们主要针对农村生活垃圾在收运过程中存在的问题展开叙述。

农村垃圾收运设施低下

一些经济相对发达的农村地区的垃圾收运方式以垃圾压缩站为主，但大部分农村仍然采取露天垃圾池、垃圾桶进行收运。由于这些收运方式卫生较差，以致在收运过程中出现了二次污染。与此同时，不少农村没有纳入环卫收运体系中，当地的村民肆意丢弃垃圾，严重危害环境。我们以黑龙江省某县为例。

当地有90%的村屯制造的生活垃圾是由村民处置，村民会使用拖拉机等运输工具将生活垃圾运出村屯。这些垃圾被丢弃在村口、路边、河边等，一旦降雨，这些垃圾又会随着雨水进入河流。

由上述案例可知，农村垃圾收运设施的高低严重影响着农村垃圾处理的步伐。

垃圾收运覆盖率低下

垃圾收运体系的完善，让农村垃圾收运变得更加高效，这也从很大程度上减少了垃圾对环境、人类的危害。

黑龙江某县所属乡镇内的生活垃圾是由所属镇的环卫统一收集。每周的周一、周三、周五为统一收集时间。村民会将各自的生活垃圾装袋后放在路边，环卫车会沿路将垃圾袋收集到车中，并统一运输到乡镇垃圾填埋场。

第二章　农村生活垃圾的收集与运输

不过，我国大部分农村没有建立垃圾收运体系，这样的缺口使得政府迫切想要对更多农村实现生活垃圾收运体系全覆盖。

收运过程中的二次污染严重

当前，大部分农村的垃圾填埋场没有达到国家颁布的《生活垃圾卫生填埋处理技术规范》的要求，设施相对简陋，没有垃圾渗滤液防渗、没有导排以及收集系统等。在这些垃圾填埋场附近的河流都受到污染。

一名乡镇垃圾收运司机说："村民经常将垃圾直接倾倒在投放点，每逢我们来收运垃圾时，大量露天的垃圾散落四处。有时风吹雨打之后，垃圾投放点四周的污水横流，还有一阵阵扑鼻的恶臭。然而，将这些垃圾装入垃圾运输车后，这些污水还会顺着车辆缝隙，走一路，流一路。途中偶遇的村民见到垃圾运输车后总是躲得远远的。"

除了上述情况这些填埋场仅仅是对垃圾进行简单填埋，并没有配备相应的压实机械，甚至一些生活垃圾会被直接运输到村外的垃圾点进行焚烧，严重污染着大气环境。

垃圾收运过程中密闭化、机械化低下

除一些经济相对发达的农村，在收运生活垃圾时会配备垃圾压缩车，大部分农村还是直接选择普通交通工具运输生活垃圾，比如拖拉机

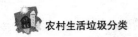
农村生活垃圾分类

等。一般来讲，这些垃圾运输车比较陈旧，而且破损严重。其中也不乏有一些已经报废的车辆被用于生活垃圾运输。这样的垃圾运输工具没有对垃圾采取压缩处理，在运输过程中，极易出现污水洒漏等现象，从而对环境造成二次污染。

概述农村生活垃圾的收运设施

对垃圾进行集中焚烧等现象，在农村地区并不少见。不过，随着生活方式的改变，无序的垃圾处理方式带来了诸多危害：臭气熏天、蚊蝇滋生……在这样的大背景下，农村收运设施渐渐完善起来。

农村生活垃圾的收运设施包括垃圾的收集设施、垃圾的运输设施、垃圾的中转设施。随着这些收运设施投入农村垃圾处理中，农村的环境发生了翻天覆地的改变。接下来，让我们详细了解一下这些收运设施的情况。

认识垃圾的收集设施

什么是垃圾的收集设施？顾名思义，就是收集垃圾过程中用到的基础设施，比如清扫工具、垃圾袋、垃圾桶、垃圾房等。目前，我国农村普遍的垃圾收集设施有垃圾箱、垃圾桶、垃圾池等。

农村常见的清运垃圾的车辆分为两种，分别为人力和机动。人们在使用人力车辆收集垃圾时，服务半径的范围在400～1000米内。人们在使用小型机动车辆收集垃圾时，服务半径的范围在3000～5000米内。如果使用中型机动车辆收集垃圾时，服务半径的范围便有所扩大。

农村常见的室外垃圾桶或垃圾箱，根据其材质不同可划分为塑料垃圾桶（箱）、金属垃圾桶（箱）、钢制垃圾桶（箱）、木质垃圾桶（箱）。它们的外观相对简单，也可划分为可移动式和固定式两种。当然，对于一些垃圾产量相对较大的农村，他们会使用一种四周封闭，但上下不封闭且可移动的垃圾箱来取代普通的垃圾桶（箱）。

蔺市镇连二村的房屋错落有致，这里的环境优美、街道整洁，不仅步步是风景，更是步步有文明。村民夏某说："从前，村民总是将生

第二章 农村生活垃圾的收集与运输

活垃圾丢到公路旁，如今大家都自觉地将垃圾丢到垃圾箱内。"夏某还说，每次村干部碰到村民时，总会告诫大家不要随地乱扔垃圾。渐渐地，大家也相互监督，养成了良好的生活习惯。夏某家不远处便有一个垃圾箱，夏某说："现在的农村和城市一样，家里的垃圾可随时清理干净。而且，这些垃圾箱内的垃圾也会被随时清理掉。村里配备的垃圾箱真正解决了垃圾围村的问题。"

不过，由于农村垃圾处理开展较晚，大部分地区的垃圾收集设施是固定式的，周边卫生环境十分恶劣。大部分农村常见的垃圾池是用水泥、砖块修建而成的。当然，如果想要实现垃圾分类功能、规避垃圾臭味溢出等，可使用金属板作为垃圾投放口，将垃圾池四周贴上瓷砖。此外，一些经济条件较好的农村修建了垃圾房，以此取代落后的垃圾池。

认识垃圾的运输设施

垃圾的运输设施主要是垃圾运输车辆。根据垃圾运输车辆的装卸方式可分为自装卸式垃圾车和自卸式垃圾车。对于小型自卸式垃圾车因其车身轻便，可快捷收运，在农村实用的范围最广，实用性也最强。

根据垃圾运输车辆的功能，可分为压缩垃圾车和压缩对接垃圾车。其中具备压缩功能的垃圾车又有前装、侧装、后装之分。压缩式垃圾车是由液压系统、密封式垃圾箱等构成，车厢内有填装器，以机电液一体化技术，将垃圾强力装填、压碎，使得垃圾在车厢内被压实，产生的污水会流入水箱，从根本上解决了收运过程中带来的二次污染问题。

根据垃圾运输车辆的吨位可分为小型车、中型车、大型车。

认识垃圾的中转设施

垃圾的中转主要指收集垃圾后以大型运输工具进行运载，到达最终的处置场的过程。在此过程中，可通过对收集垃圾打包、压碎等处理，增大垃圾容量，提高运输车辆的装载率，从而减少运输费。

通常，垃圾处理设施相距垃圾收集服务区的运距在30千米以上，垃圾收集量猛涨时，则需设置大型转运站。我国会在大中型城市建设大型垃圾中转站。而小城市或乡镇通常设立小型或中型转运站。当然，也有一些地方没有设立垃圾中转站。

2017年10月，九龙垃圾中转站建成。它位于北辛庄村，占地三亩半，耗资380万元。走进九龙垃圾中转站，会看到一辆大型垃圾压缩车正装满生活垃圾，前往垃圾处理厂。相关负责人表示，九龙垃圾中转站服务于周边的村庄。每天像这样的大型垃圾车需要跑3趟垃圾处理厂，才能确保附近村庄没有垃圾堆积。每天凌晨3点，垃圾车就要前往周边的村庄开始第一次收集，下午则开始第二次收集，收集完的垃圾会被统一运输到中转站。

随着城乡一体化的推进，让农村和城市变得一样干净已经不再是一个口号。随着农村垃圾中转站的不断优化，实现垃圾无缝隙转运指日可待。

农村生活垃圾收运设施的优化配置

随着农民生活水平的提高，农村生活垃圾的问题却更加凸显。尤其是部分农村的垃圾收运配置参差不齐，导致村庄保洁不到位，收运处理率低下。

农村生活垃圾收运设施在推进建设新农村过程中发挥着重要作用。当农村生活垃圾收运设施达到国家一流水平时，农村房前屋后、道路沿线也会焕然一新。接下来，让我们详细了解农村生活垃圾收运设施优化配置的相关内容。

垃圾收集设施的优化配置

我们在农村会常看到垃圾池、垃圾房、垃圾收集站等固定式的垃圾收集点。其中垃圾收集站的规模相对较小，它们不具备打包、压缩等功能。当然，这些垃圾收集点的设置应满足村民日常垃圾投放需求，同时还要考虑清运的方便，最大限度地降低垃圾清运给周边村民带来的影响。另外，垃圾收集点的外观尽量美观，合理设置投放口的高度，同时还应统筹防渗、密闭等性能，避免垃圾产生的臭水、臭气外散。

垃圾桶（箱）大多摆放在公共场所，比如道路、广场等附近。如果垃圾桶（箱）摆放在道路旁，应根据道路功能的不同而进行不同区分。在农村公共居住区域垃圾桶服务半径要在100米左右，即服务大概10户的人家。

罗家坟村的一名村民说："过去村子可没有现在这么干净。自从物业进驻之后，村内的卫生就变得好了起来。村子一共有5条街道，每天物业会对每条街道进行打扫、喷洒等。现在路面太干净了，以至于我们出门都想把鞋子脱掉，怕踩脏了。"

在罗家坟村每家每户门口都摆放着两个垃圾桶，一个装可回收垃圾，另一个装其他垃圾。当村民将垃圾分类投入对应的垃圾桶后，清运人员会统一将垃圾收运到村中的垃圾站，再由垃圾车转运，实现垃圾不落地。

垃圾桶的容量不仅要满足村民对垃圾投放量的要求，还要确保垃圾的存放期，通常垃圾会存放1~3天。

垃圾桶材质的选取不仅要美观，还应满足耐用、防晒、不易燃、抗撞击、低廉等性能。

在农村生活垃圾收集点，可以建造垃圾容器间或放置垃圾容器，在人流量相对较大的场所，如市场等地可单独设立生活垃圾收集点。

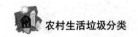

垃圾转运站的优化配置

农村垃圾转运站的选址需符合农村整体规划及环境卫生要求,全方位考虑运输距离、配套设施、转运能力等因素,尽可能将垃圾转运站设立在交通便利、容易清运的地方。需要注意的是,垃圾转运站的选址要避免以下三个地方。

1. 平交路口或立交桥旁。
2. 人口繁华的地段,比如商场、剧院等。
3. 人们日常聚集地,比如学校、饭店等。

宁远县某乡镇准备在镇上一所学校附近建立一个垃圾场,当群众得知此事后,十分愤怒,他们认为孩子们的大部分时间都是在学校度过,一旦垃圾场建成,无疑会危害到孩子们的健康。还有人认为:建立垃圾转运站,每天垃圾车要从学校门前走过,孩子的人身安全得不到保障;垃圾堆放势必对孩子们的身心造成影响。最终,有关部门经过慎重考虑后,对该镇垃圾场的选址进行了重新拟定。

除了上述地方,生活垃圾处理及其设施等应位于村内水系的下游。在处理生活垃圾过程中所产生的污染排放物应达到环境保护的标准。

根据生活垃圾转运站的处理规模可划分为小型中转站、中型中转站、大型中转站。一般来讲,小型转运站的服务半径在 2~3k 平方千米,当垃圾转运距离在 20 千米以上时,则会选择中、大型转运站。如果服务区垃圾量大且运距在 3 千米以上时,则会选择大型转运站。

转运站除了最简单的转运功能,还具备打包、压缩等单一或多重功能。对于单一压缩的转运站多是将混合或已分类的垃圾进行压缩后,由大型运输工具输出,混合垃圾进入生产线之前需要将其中大物件垃圾进行分拣,有分拣功能的转运站需将分拣出的垃圾分别转运,另外,还需要根据实际情况进行压缩或打包处理。

中转站不仅可以转运垃圾,还是垃圾暂存的场所。不过,此阶段会产生大量的臭气等,直接危害周边村民的健康,所以,在建立时一定要考虑这些问题。

农村生活垃圾收集原则

垃圾分一分,环境更美丽。现在,无论是在城市还是农村,垃圾分类早已成为一种"时尚",垃圾分类正在悄然改变着人们的生活。

在生活垃圾的收集过程中,应当以科学发展观作为指导,进一步围绕建设新农村为目标,加大农村生活垃圾处理工作,从而建立"户分类、村收集、乡运输、县处理"的收集、运输体系,从根本上实现对农村生活垃圾的减量化和资源化。那么,农村生活垃圾收集应遵循哪些原则呢?

统筹规划、协调发展

根据县或乡镇的相关体系,再结合村村合并、农村生态文明村建设等,以县为单位,统筹规划县内生活垃圾的收集处理的投放点,充分利用现有的处理场,不断完善运输设施、垃圾场等体系。

突出重点、分类指导

鼓励乡镇建立"户分类、村收集、乡运输、县处理"的垃圾收集体系,进一步在经济相对发达的乡镇或村庄建设垃圾处理设施。与此同时,因地制宜不断加强对乡镇、村庄在垃圾处理方面的指导。

江西某村庄的村干部王某为了让更多村干部认识到垃圾分类的重要性,组织了领导小组参观了上饶市的垃圾填埋场。王某称,参观时很多村干部都吐了。后来各自回家后,身上都带着垃圾场的味道,有的人甚至几天都吃不下饭。以前,这些村干部并不知道垃圾最终的去向。如今,他们深刻地意识到垃圾分类的重要性。随后,这些村干部跟着垃圾分类运输车,挨家挨户地教村民如何对生活垃圾进行分类,从而实现全村的垃圾正确分类率达到 90% 以上。

当然,不少村民在最初接受垃圾分类时,会有抵触情绪,相关负责人应通过耐心的沟通,让村民逐渐意识到垃圾分类的必要性,更好地推进农村生活垃圾的收集工作。

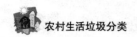

经济实用、运行安全

我国在建设标准以及环境保护方面明确规定，要对垃圾处理做到减量化、无害化、资源化。为此，相关部门应选择更安全、更实用的垃圾处理方式及技术，在降低整体成本的基础上，建立长效机制。

分门别类、规范收集

完善农村生活垃圾收集的举措，需要从各地生活垃圾的源头做起，以分门别类为原则，将易腐烂的有机垃圾单独收集，将可回收、有毒有害的垃圾归为一类进行收集。当然，不同地区可根据当地的分类方式进行收集。

另外，农村生活垃圾中富含有机物，所以，可大力推广农村将生活垃圾进行堆肥或进行沼气厌氧化处理。对于无机物垃圾可采取定时、定点分类收集处理的办法。对于可回收垃圾可售卖给私人回收站或回收公司。建筑垃圾可采取直接填埋路面的方式。

政府引导、民众参与

积极发挥政府引导作用，加大对农村生活垃圾处理设施建设的支持力度，不断完善公众参与机制，积极引导并鼓励群众参与到农村生活垃圾收集处理的工作中。

枝江市董市镇平湖村的村民韩某说："家里有很多闲置的自行车，如今将自行车拿到垃圾分类超市兑换一包洗衣粉，还挺实惠的。"原来每个月的6号是平湖村收集可回收垃圾的日子，一大早韩某就将家中闲置的自行车推到了垃圾分类超市门前。韩某表示，过去家里的废旧纸片、啤酒瓶等不是堆积在家中，就是当作废弃物直接扔掉。自从村委会建立了环保志愿小分队后，志愿者们挨家挨户地宣传垃圾分类收集的好处，还在村里建立了垃圾分类超市，以积分的方式兑换实物，十分实用。渐渐地，村民们都变得自觉了，村容也变得更加美丽了。

政府坚持贯彻"一把扫帚扫城乡"，积极推进农村生活垃圾收集工作，让垃圾分类成为一种新时尚，引导村民形成新风俗、新习惯。

第三章
我国农村垃圾处理的特点

农村生活垃圾处理水平的高低决定着农村人居环境的高低，也关系着百姓切身的利益，同时还是社会文明进步的标志。随着农村经济水平的提高，农村的生活垃圾逐年增加，农村垃圾问题也越发明显。本章将围绕我国农村垃圾处理的特点展开详细介绍。

农村垃圾与城市垃圾的对比

说起垃圾分类，我们最先想到的是城市。然而，垃圾分类并不仅仅和城市有关，农村也要付诸行动。那么，农村和城市的垃圾分类有什么不同呢？

说起我们的祖国，我们的第一反应就是地大物博。为此，中国在很多时候都要做到"因地制宜"。比如，我们现在提到的垃圾分类，不同的地区颁布不同的条例，即便同一地区，农村垃圾和城市垃圾推进的方式也各不相同。

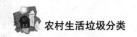农村生活垃圾分类

根据垃圾产生的区域不同

根据垃圾产生的区域不同，生活垃圾可以分为城市生活垃圾和农村生活垃圾。

城市生活垃圾包括城市居民生活中所产生的垃圾，以及各种固体废物，比如餐饮服务业、交通运输业、旅游业等都属于城市生活垃圾。需要注意的是，这里面不包括工厂排出的工业污染物。相关调查显示，在未来，我国城市垃圾总量依然会呈递增趋势。另外，城市生活垃圾的污染不同于尾气、废气的污染，它有着扩散性小，但影响长远的特点，它会通过水、食物链等方式对人类和环境进行污染。

农村生活垃圾呈逐年增长的趋势，它的组成部分也渐渐趋向于城市生活垃圾。不过，城乡生活水平差异巨大，两者之间的垃圾处理也有很大的差异。农村生活垃圾的主要特点是：产生的源点多、量大。与此同时，由于我国不同区域的生活习惯以及自然地理等差距较大，以至于不同农村的生活垃圾特点也各不相同。

农村和城市的垃圾分类方式不同

你知道你家的垃圾要怎么分类吗？要明白垃圾分类，首先要确定你家在农村还是城市？这其中大有学问。

在一些地区，垃圾分类在城市和农村大有区别。通常，城市生活垃圾分类为"四分法"，而在农村却只有"二分法"。这到底是怎么一回事呢？

城市生活垃圾分类大致可以分为四类：可回收垃圾、有害垃圾、餐厨垃圾、其他垃圾。

农村生活垃圾分类相对简单，只要记住能不能"烂"就行，它大致可以分为两类：可堆肥垃圾、不可堆肥垃圾。

对于城市生活垃圾分类，可参考上海一带的做法，对于农村生活垃圾分类，则可以参考浙江一带的做法。一直以来，浙江农村生活垃圾分类都走在前面。在很早以前，浙江垃圾分类的经验便在全国进行了推

广。比如金华市在当地农村生活垃圾分类推广中使用了"两栋四分",简单来说,就是将生活垃圾分为"可腐烂"和"不可腐烂"。接着,对"不会烂的"的垃圾进行再分类,又可分为"可卖"和"不可卖"的。如此一来,最终只有"不可卖"的垃圾需要进行填埋处理。所以,在金华市当地,这种垃圾分类方式深受百姓的欢迎。

由此可见,做好农村垃圾分类,我们需要从农村实情出发,充分发挥农民的主体作用,让农民自觉为垃圾分类。

垃圾桶在农村和城市将面临不同挑战

上文提及城市和农村垃圾分类不同,城市的生活垃圾不仅有人们日常的生活垃圾,还有餐饮业所产生的生活垃圾。相比之下,城市垃圾对局部地区会造成很大压力。比如,某个地区的某些垃圾桶会溢出,而其他地方的垃圾桶却没有装满。此时,大部分人会选择将垃圾扔到垃圾桶附近,这给垃圾运输带来很大的麻烦。

在农村,很多年轻人外出打工,所以农村出现空巢老人的现象也越发严重,对于大部分老人而言,他们的学习能力以及理解能力远不如年轻人。如果让他们掌握垃圾分类的相关知识无疑是难上加难。幸运的是,农村的垃圾相对单一,老人们在经过学习之后,可以进行简单的垃圾分类。不过，相比之下，农村人口密度低，垃圾桶摆放的频率将会是一个新的挑战。

我国农村垃圾处理的地域特点

不同地区产生的垃圾各不相同，当地处理垃圾的方式方法也不尽相同。让我们一起看一下我国不同地区的农村是如何处理垃圾的吧。

从"经济带"理论出发，我国可划分三大片区，分别是东部、中部以及西部。接下来，我们将要从这三个地区的农村垃圾处理展开深入探讨。

东部地区的农村垃圾处理

中国东部地区包括浙江、山东、广东等12个省份。接下来，我们从浙江、山东、广东这三个省的农村垃圾处理展开叙述。

浙江省一些村庄有很多乡镇企业，比如有金属冶炼、服装加工、木制品加工等行业。当地农民生活相对富裕，那里的文体活动也相对突出。因此，当地农民的生活垃圾主要以厨余垃圾为主，政府为当地百姓提供了垃圾桶等设施。而且村子已经建立了集中收集垃圾的收集点，定期会将这些垃圾统一送往县城处理，那里基本上没有肆意焚烧的现象。

山东省一些村庄经济发展较好，农民居住相对集中，那里建有平房、楼房。当地有丰富的垃圾收集设施，比如垃圾房、垃圾池、垃圾车等。当然，也有农民会将垃圾放在自家门口，村里的相关保洁员会上门收集垃圾，当然，对于一些距离垃圾收集设施相对近的农民，可直接投放到垃圾收集设施中。还有一些靠海的村庄，那里养殖海鲜，比如贝类。每逢海产品收获的季节，总会产生贝壳等垃圾，这类垃圾一部分会被卖到饲料厂，还有一部分会残留到生活垃圾收集设施中。

广东省有一个村庄的经济水平比较高，它属于行政村。省道通过这个村庄，大部分村民在省道两旁修建了楼房。目前，这个村庄修建了垃圾池，定期会有垃圾车收集垃圾，并将这些垃圾进行填埋处理。当然，对于住在交通干道较远的村庄，依然存在就地焚烧的情况。一般来讲，农民产生的垃圾为厨余垃圾，这些垃圾大部分会喂给牲畜，如此一来就可减少部分厨余垃圾。

综上所述，尽管都属于东部地区，可是针对不同省份、不同村庄，由于自身所处的大环境不同，农村对于垃圾处理的方式也不尽相同。

中部地区的农村垃圾处理

中国中部地区包括河南、湖北、湖南等6个省份。接下来，我们要从河南、湖北、湖南3个省的农村垃圾处理展开阐述。

河南省某村庄经济水平低下，他们的生活主要以农业为生，部分农民会在农闲时外出打工。这个村庄的主干路修建了水泥路，不过，村庄中的道路却是泥泞小路。每逢下雨天，道路总是泥泞不堪，交通十分不便。由于当地没有统一修建垃圾池等垃圾处理设施，当地的村民除了会将厨余垃圾喂养牲畜，其余垃圾则会倾倒在村边的水沟或大坑中。当然，只有极少部分的垃圾会被填埋、焚烧，大部分的垃圾则被堆放在一旁，没人理会。另外，部分村民会将一些垃圾，比如易拉罐等存储、变卖。

湖北省某村庄，几乎每家每户都修建了楼房，他们居住相对集中。不过，村中道路一直没有维修，交通十分不便。当地做饭时基本上都用燃气，只有在春节时会使用一些煤炭或木头，由于村里没有垃圾收集点，当地的农民习惯将垃圾丢在自家房屋附近的固定点，当垃圾积累到一定量时，他们会自行焚烧。另外，当地农民大部分人家都饲养了牲畜，所以一部分厨余垃圾会被消耗。还有一些农民会把大部分动物粪便撒在田中，其中的少部分会流入村内溪水中，导致水流污染。

湖南省某村庄坐落在当地乡镇附近，人们沿着交通干路居住，不少农民修建了楼房。在交通干路沿线每隔200米修建了公共垃圾池。当地会有专门的人员负责收集垃圾，并进行填埋或集中焚烧。

综上所述，中国中部地区农村垃圾处理也因各地经济水平、垃圾处理设施等不同而各有差异。

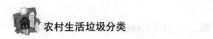

西部地区的农村垃圾处理

中国西部地区包括贵州省、重庆市等12个省、自治区和直辖市。接下来，我们主要围绕贵州省某乡镇垃圾处理展开叙述。

在贵州某乡镇，那里距离当地县城大概有15千米，那里的交通便利，主要产业有农业种植、养殖、矿产开采等。当地已经打造出一批批乡村示范点，生态农业和旅游业在当地发展势头较好。当地已经实现了城乡一体化垃圾处理系统，即"自然村垃圾收集池—行政乡清运—县垃圾填埋厂"。这个乡镇有三个转运站，这些垃圾会被运往固定点统一填埋或焚烧。不过，由于当地的垃圾处理系统不够完善，部分地方依然存在脏、乱、差的现象。

西部地区存在的问题依然是垃圾处理系统不够完善，如果想要西部地区彻底实现农村垃圾处理清零，相关政府部门还应加大垃圾处理系统监管力度。

农村垃圾处理存在的问题

随着生活水平的提高，农村垃圾也随之增加，农村垃圾问题也越发明显。很多村庄正面临垃圾"围村"的窘境。

一直以来，在农村普遍存在"脏、乱、差"的问题，农村人喜欢将垃圾随地乱扔，由于农村的占地面积较大，不少村子里有很多大坑，久而久之，这些大坑成为垃圾堆。每当到了夏季，那里气味难闻，各种虫子嗡嗡乱飞。那么，究竟是什么原因造成农村垃圾处理的问题呢？

农村垃圾处理方式过于单一

根据相关调查可知，当前农村处理垃圾的方式有两种：第一种是随意丢弃；第二种是由专人将垃圾运到指定地点，然后进行填埋。无论是哪一种垃圾处理方式，对环境以及人类自身的危害都是不容忽视的。

村民环保意识低下

农村垃圾的主体是农民，他们的生活会直接影响农村垃圾的产量

第三章 我国农村垃圾处理的特点

以及分布,他们的思想会影响到农村垃圾的处理。相对来讲,农民受到传统观念影响,他们的环保意识比较薄弱,与此同时,他们为追求经济效益的最大化,以致淡漠了环境保护意识,他们没有意识到垃圾"围村"对于自身造成的危害。

对于很多农民来说,土地的肥沃关系着一家人的生活。所以,不少地方的农民有这样的习惯,他们习惯将生活垃圾等倒到自家田地里。另外,不少农民为了确保农作物的丰收,每年都会往地里喷农药、施化肥。一些环保意识低的农民,将打完农药的瓶子直接扔到乡间地头,包括施完化肥的袋子以及塑料薄膜等,也是随手丢弃在田间。

农民肆意乱扔垃圾无不说明他们缺乏环保意识,这种能力的缺失又会让他们肆无忌惮地乱扔垃圾,最终陷入恶性循环。

在治理环境上的责任缺失

第一,相关法律法规缺乏对农村垃圾的管理,这也是造成农村垃圾存在的又一重要缘由。在《固体废物污染环境防治法》中提到了农村生活垃圾方面的内容,可是这些法规并没有被农村相关管理人员认真贯彻执行。

第二,在传统城镇二元结构的影响下,人们将环境保护的重点集中在城市中,而忽略农村,以致农村环境保护被边缘化,长此以往,农村环境管理体系越发缺乏。

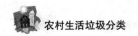
农村生活垃圾分类

农村环卫设施匮乏

不少农村的环卫设施匮乏,一直以来,农村垃圾大多是通过环境自净消化。不过,随着人口数量的增加,环境对垃圾的负荷越来越重,环境早已无法承载更多的垃圾。在这样的背景下,村中并没有修建生活垃圾堆放池子或者是摆放一些垃圾桶,当然更没有专门的人员清理并运送垃圾。即便有的村中有相应的环卫设施,但由于管理松懈,那些环卫设施形同虚设。

一些农村设有垃圾桶,可是由于数量有限,同时便于运输,这些垃圾桶经常会摆放在某个地方,对于就近的村民而言,出门能直接扔垃圾,倒是挺方便的。而对于住处相对较远的农民而言,他们并不愿意跑那么远去扔垃圾。于是,他们就将垃圾扔到路边或草丛中。此外,大部分农村由于交通原因,一些垃圾桶直接被放在村口,方便垃圾运输,不过,这对大多数的农民而言,不方便扔垃圾。除此之外,垃圾桶数量上的缺乏,也无法满足农民的生活所需。

由此可见,如果想要真正地解决农村垃圾问题,尽管无法做到每家每户门口都摆放垃圾桶,但也应合理规划,确保村民垃圾投递,如此才能真正改善农村垃圾问题。当然,对于其他环卫设施,不同村庄可根据自身情况合理安置。

农村对垃圾资金投入过少

由于农村垃圾产量过大,处理成本较高。相比之下,农民经济收入较低,村委会难以拿出足够的资金实现农村垃圾处理。另外,相关部门对农村垃圾处理这方面的投入也较小,所以,在农村无法引入高温堆肥、垃圾分选等高科技垃圾处理技术。

农村垃圾处理问题可采用的对策

随着农村经济的不断发展,农村环境问题越来越突出,农村垃圾处理也备受人们关注。为此,改善农村环境、提升农民生活质量、建立

第三章 我国农村垃圾处理的特点

新农村的首要任务就是改善农村垃圾处理。

当前农村垃圾问题日益严重,加强农村垃圾处理已变得十分紧迫。目前,我们可以从以下几方面入手,科学处理农村垃圾问题。

多宣传,从源头上减少垃圾的产生

以广播、宣传栏等形式对村民进行垃圾危害的教育,可以通过宣传环保、卫生等形式对中小学进行宣传教育,让孩子们明白垃圾对人类的危害,环境保护对人类的重要性。在潜移默化中改变村民的不良生活习惯,真正从源头上杜绝农村垃圾的产生。

完善垃圾处理管理机制

解决农村垃圾处理问题,需要各村镇健全垃圾处理相关制度,比如保洁、管理、清运等制度。平时要加强监管垃圾处理资金管理,严格验收。必要时,还应引入市场机制,鼓励市场参与到农村垃圾处理中,从而形成市场竞争机制。

做好垃圾分类,从源头减量

村干部应要求村民对垃圾处理做到"无害化、资源化、减量化",进一步建立"自觉分类,区域压缩,无害处理"的垃圾处理模式。大力发展沼气工程,提升农村垃圾的可利用率,减少农村垃圾排放。

村民张某正在家中做午饭,她一边择叶子一边说:"这些菜叶子可以喂鸡,这样就不会浪费了。"在她家厨房门前正摆放着一个绿色的垃圾桶和一个灰色的垃圾桶,它们是那么的显眼。

大概上午10点,村里的保洁员开着垃圾分类收集车来到张某家门口。这名保洁员对张某说:"这些东西你可以留着卖。"

原来,张某将几个玻璃瓶放进了可再回收的绿色垃圾桶中。保洁员习惯性地为张某讲起了垃圾分类的原则。这个村庄在2009年就开始了农村垃圾分类一直到现在推行的垃圾分类减量,当地的村民头脑中早已有了从源头减量的意识。

农村美,中国美。实现农村垃圾无害化、资源化、减量化,才能真正提升农村卫生质量,才能建设更美丽的农村,为此垃圾分类减排及再利用就显得尤为重要了。

多方位筹集垃圾处理经费

第一,拓宽上级政策,多争取垃圾处理补助资金。

第二,政府每年可以设定专项资金,以"以奖代补"的方式给村里保洁员补助。

第三,鼓励有偿保洁。村干部可以建立本村有偿保洁制度,向村民收取一定保洁费。

完善垃圾处理的立法

想要改变农村垃圾处理的现状问题,我们可以采取多种方式,比如就垃圾分类进行立法。这也是管理农村垃圾处理的最高效的一种方法。目前,国家针对地方农村垃圾处理的法律法规少之又少,以致缺乏对村民垃圾处理的指导。为此,政府早日出台相关针对农村垃圾处理的法规,将会促进农村垃圾问题的解决。

充分发挥市场配置资源

基层部门应该确立"谁投资,谁受益"的原则,积极发挥保洁公司的作用，让他们承担主体责任。同时，也要明确"谁污染，谁治理"的原则，不断完善各地农村垃圾处理事宜，让农村垃圾减量的同时也补充了财政。

建立行政引导，公众参与机制

我们都知道，导致农村公共卫生问题的最关键因素是农村垃圾。农村垃圾的产生无疑是村民自我管理能力低下所造成的，为此，政府有义务去履行作为管理公共事业的责任。政府在农村垃圾处理问题中不仅是管理者，也是引导者。作为引导者，政府应该将有限的资金用到资源再生利用的产业之中，积极鼓励更多的社会资金能参与到农村垃圾处理的建设中，必要时，政府还可以建立农村垃圾处理的相关部门，进一步对农村垃圾进行监管。与此同时，政府还可以采取行政手段对农村垃圾实行强制管理，比如建立垃圾回收制度，建设回收站，等等。

我国农村垃圾处理模式的分类

你的家乡是如何处理垃圾的？你知道我国农村垃圾处理的模式有哪些吗？对于这些垃圾处理模式，你认为哪种更适合你的家乡呢？

由于我国农村垃圾排放量急剧增长，垃圾对于水体、空气等污染问题也变得越发严重，农村垃圾问题备受国家重视。接下来，我们将对我国农村垃圾处理模式展开讨论。

城乡一体化垃圾处理模式

什么是城乡一体化处理模式？它指将农村产生的生活垃圾运输到城市垃圾的处理系统中，然后对这些垃圾进行集中处理。这种垃圾处理模式提升了当前的垃圾处理设备，可以最大限度地节约成本。不过，我国对这种垃圾处理模式正处于探索阶段。如果进行细致划分的话，这种垃圾处理模式包括三集中模式和四集中模式。

三集中模式主要是指在村集中、在镇运转和到县处理。相比之下，四集中模式在三集中模式的环节下，多了一个环节——县运转、市处理。这种垃圾处理模式在我国东部地区被广泛推广。

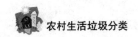
农村生活垃圾分类

某乡镇主要实行垃圾处理的三集中模式，当地为垃圾处理投资了100多万元，建成1个填埋点，同时配备1台垃圾运输车、30辆垃圾小推车、25个垃圾箱。当村中的垃圾箱收满后，村委会及时通知镇政府清运垃圾。

另外，乡镇和几个重点村庄签订了一份《村级生活垃圾清扫合同书》，每个村级会配备18名保洁员，他们每月会补助500元，镇政府会在每月按时为他们结算。

尽管垃圾处理一直困扰着农村，可是只要实行镇村协力，因地制宜处理，那么一定会实现农村绿、美、净。

农村垃圾集中就地处理模式

什么是农村垃圾集中就地处理模式？这种垃圾处理模式很好理解，就是将农村某个区域的垃圾集中收集，随后通过填埋等技术处理垃圾。在我国大部分农村会通过这种方式处理垃圾。这种垃圾处理模式最大优点就是成本低。可是，由于这种填埋没有进行无公害处理，以致细菌、病毒滋生，进而通过渗透污染地下水资源。由此可见，一旦选择填埋，一定要根据国家规定的标准进行。在之前，农村在处理垃圾的方式就是直接挖个大坑，将垃圾倒入其中，而这种处理方法的危害也是显而易见的。另外，还有的村庄会选择垃圾焚烧，虽然这种垃圾处理模式占地较小，但是，垃圾焚烧产生的空气污染问题却影响着村民的日常生活。为此，相关部门需要对农民加强相关知识培训。

农村垃圾家庭处理模式

就目前来说，农村垃圾家庭处理模式被广泛应用在农民的生活当中。这是一种什么样的垃圾处理模式呢？简而言之，以家庭为单位，将家庭的垃圾收集并分类后，集中送往回收站，对于不可回收的垃圾以家庭为单位进行堆肥或填埋处理。这种垃圾处理模式的优点是，每家每户都可以独立进行。当然，对于那些没有经过无害化处理的垃圾进行堆肥或填埋，也可能会产生二次污染问题，从而对农民的生产生活造成危害。

我国农村生活垃圾处理产业化

随着国民经济的发展,农村越来越富有。与此同时,农村的垃圾成分也越来越复杂。如今,农村生活垃圾早已影响新农村建设以及农民的生活。

农村生活垃圾其实也是一种具有公共物品属性的资源,如果农村可以实行垃圾处理产业化,不仅可以缓解农村生活垃圾处理资金周转,还可以减缓当地政府的投资压力。

什么是农村生活垃圾处理产业化

农村生活垃圾处理产业化有三方面内容。

第一,根据相关法律法规,不断完善产业秩序。这样做可有效规避有人因个人利益而危害公众利益。

第二,乡镇、村要积极开展垃圾处理和市场服务相结合,让农村生活垃圾走向社会化、市场化。

第三,建立相关环保合作组织,让农村生活垃圾朝着产业化发展,从而解决农村生活垃圾处理过程中遇到的资金短缺等问题。

在人们的传统意识中,垃圾是一种没有利用价值的物品,无形之中,每家每户产生的垃圾就成了一种"公共物品"。所以,基层政府应该将垃圾处理当作一项公共事业,将垃圾处理变成一种社会化行为。

由政府统管将这项公益事业转变成一种社会生产的过程,让它转型成为社会分工的产业,通过市场机制进一步管理垃圾处理,提升垃圾处理企业对市场的适应力。垃圾处理是技术和资本密集产业,只有不断提升处理技术,提升环保技术,才能实现垃圾处理产业化。

农村生活垃圾处理产业化的规律

农村生活垃圾处理产业化的根本目的是实现生活垃圾的减量化、资源化、无害化。为此,需要遵循"自产自销,化整为零,就地处理"的处理原则,遵循"垃圾减量、物质利用、能量利用以及最终处置"的优先顺序，以此最大限度地减少垃圾的产生及浪费。

农村生活垃圾处理产业化需要通过可持续发展手段，最终实现生活垃圾的减量化、资源化、无害化，这也是农村生活垃圾处理的根本出路。

农村生活垃圾处理产业化的意义

相关实践表明，实现垃圾处理产业化可以推动循环经济的发展，进一步实现政府、企业以及各行各业主体实现减量化，从而促进物品的再利用、再循环，如此一来，经济产业结构势必会进行大调整，可能会拓宽服务业的范围，有机会向社会提供就业机会，这是维持经济可持续发展一个关键项目。当下，农村垃圾再利用行业已经为经济增长做出很大贡献，也为当地百姓提供了更多劳动岗位。不仅如此，垃圾处理产业化还能督促投资体制的改革，实现资源优化配置。

总而言之，垃圾处理产业化不仅解决了垃圾处理问题，还会成为垃圾处理的发展方向。

农村生活垃圾处理产业化的前景

21世纪，人类最重要的效率革命就是垃圾的回收和再利用，这场革命会使人类从工业经济走向知识经济。在"十二五"期间，垃圾处理行业每年平均投资700亿元左右，"十三五"期间，每年平均投资900亿元左右，这一系列数字的增长无不告诉我们，国家对环保产业的重视。

随着垃圾排放量的增加，政府相应的支出压力也越来越大。从管理层方面来讲，造成这种局面是因为政策的制定者以及监督者监管不到位，以致垃圾处理效率降低。

从一些发达国家的经验来看，他们选择让垃圾处理走产业化，这是通过市场机制解决垃圾处理问题的必然选择。另外，我国是能源消费大国，在未来几年内，我国对能源需求依然呈现上升趋势。再者，随着常规能源的贫乏，化石燃料等带给环境的污染也亟须整治。所以，实现垃圾处理产业化是推动可持续发展的必然选择。

第四章
我国农村垃圾处置的办法

一直以来,垃圾处理是我国建设新农村过程中遇到的较为突出的一个问题。这一章内容将围绕我国农村垃圾处置的办法,进一步详细讲述生物反应器填埋技术、堆肥技术、厌氧发酵技术、好氧堆肥技术、蚯蚓生物降解技术等处理工艺的特点,希望读者能从中有所学习和感悟。

生物反应器填埋技术

从20世纪70年代开始,澳大利亚、意大利等国纷纷研究了生物反应器填埋技术。这种技术是在传统卫生填埋技术的基础上发展起来的。

生物反应器填埋场可以大大改善填埋场的空气质量以及降低污染物对微生物的危害。在生物反应器填埋场中的垃圾逐渐趋于稳定化的过程中,垃圾的组成以及结构会变得更加复杂。当污染物进入垃圾填埋场后将会在垃圾、微生物、渗滤液、填埋气体微生态系统中发生一系列的化学、生物以及物理反应,比如吸附、沉淀、生物降解等,从而使得污染物得到降解。另外,由于填埋的工艺各不相同,生物反应器填埋技术又可以分为四类，分别是好氧、厌氧、好氧—厌氧、半好氧。

好氧生物反应器填埋技术

好氧生物反应器填埋技术会根据填埋场内垃圾生物降解需要，进一步将渗滤液、空气等以一种可以操控的方式添加到填埋场。这种做法可提升填埋场垃圾的降解率，从而减少甲烷排放，降低渗透液污染强度以及垃圾处理的费用。

通常情况下，好氧生物反应器填埋场中的垃圾在 2~4 年会持稳定状态，如此一来，会大大减少温室气体的产生。不过，这种生物反应器填埋技术需要强制通风供氧、渗滤液回灌等，所以在单位时间内的费用相对较高。相比之下，因为好氧生物反应器填埋技术的维护时间缩短，它和传统的卫生填埋技术的使用费用也就相差无几。

厌氧生物反应器填埋技术

厌氧生物反应器填埋技术是让生物降解垃圾在缺氧的条件下进行厌氧降解，它需要为填埋的垃圾回灌渗滤液以及其他液体，以确保填埋场内的湿度。这种生物反应器填埋技术会产生丰富的甲烷，它可以加速

填埋垃圾的降解率。这种填埋场中的垃圾在 4~10 年之内会维持稳定状态。不过，它的缺点是随着时间的延长，填埋场内的渗滤液氨氮的浓度会逐渐变得偏高，如此一来则不利于渗滤液的生物处理。

好氧—厌氧生物反应器填埋技术

好氧—厌氧生物反应器填埋技术是针对上层新填埋的垃圾采取强制通风供氧，而与此同时，在下层填埋的垃圾依然是进行厌氧反应。这种生物反应填埋技术可以有效降低新填埋垃圾中降解后的酸化物质对厌氧层垃圾产生危害，同时，它能及时控制填埋场内的湿度等因素，从而实现填埋场垃圾无害化、资源化。这种好氧—厌氧生物反应器填埋技术的垃圾稳定化时间以及运行期间的费用在好氧和厌氧生物反应器填埋技术之间。

半好氧生物反应器填埋技术

半好氧生物反应器填埋技术是通过填埋场内外压强差，以自然进风的形式，从而保持渗滤液收集管、排气管和中间覆土四周区域的垃圾层处于富氧状态，如此一来，这一部分垃圾可进行好氧降解。这种生物反应器填埋技术有着好氧生物反应器填埋场的一些优点，其成本相比传统卫生填埋相差不多，且二次污染程度相对较低。

上述四种生物反应器填埋技术都提及了渗滤液，它在生活垃圾填埋场中会经历四个阶段。第一阶段是好氧阶段，此时导气管中的引出的气体大部分是空气，此时渗滤液中的化学需氧量浓度很高，氨氮浓度相对较低，此时可生化性较好。第二阶段是酸化，垃圾堆在一起主要发生酸化反应，此时的填埋气体主要有氮气、二氧化碳、氢气。此时，渗滤液的水质和第一阶段的相似。第三阶段是形成不稳定甲烷的阶段，此时垃圾堆体中厌氧产生的甲烷会越来越多，渗滤液中的有机物开始降解，渗滤液的可生化性降低。第四阶段是形成稳定的甲烷阶段，此时的填埋气体主要是甲烷和二氧化碳，此时渗滤液的可生化性较差，垃圾中的有机物几乎分解完毕。

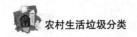

以堆肥形成肥料

化肥、生长激素等发明，给农业带来了巨大改变。可是，这些改变真的是农民的福音吗？事实上，在化肥等物质发明出来之前，人们一直使用天然肥料，比如草木灰、畜禽粪等。接下来，我们要讲的就是天然肥料中的一种形式——堆肥。

堆肥是模拟自然界中腐殖质的产生，从而实现有机物的循环利用。接下来，我们要详细阐述关于堆肥的相关内容，比如堆肥需要哪些原料、堆肥配方的计算、堆肥工艺等。

堆肥需要哪些原料

堆肥原料可以为畜禽粪便、食品副产品、厨余垃圾、木质废弃物、秸秆类、污泥、沼气发酵残渣等。那么，为什么这些物质可以成为堆肥原料呢？

1. 畜禽粪便中富含氮元素。
2. 食品副产品包括啤酒渣、豆渣等，它们都可以做堆肥原料。
3. 厨余垃圾是不错的有机肥料。
4. 木质废弃物，包括木屑、树皮等，它们含水量低，但却富含纤维素，所以不宜分解，但很适合做调节含水率的原料。
5. 秸秆类富含有机物，其中碳和氮的含量较高，但不适合单独堆肥。
6. 污泥富含氮元素，它里面的含水量也十分高。
7. 沼气发酵残渣可将有机物分解，从而形成沼气，产生能量。

堆肥工艺的介绍

堆肥的工艺有很多种，但大多数工艺包括前处理、一次发酵、二次发酵、后处理、脱臭、储藏等。

前处理：废物中通常有较大的物质，为此需要通过破碎以及分选，从而控制废物的颗粒直径。

一次发酵：主要在露天或发酵装置内进行。刚开始发酵，会将容易分解的进行降解,所产生的二氧化碳、水以及热量会使得堆肥内温度上升。

二次发酵：将一次发酵后的半成品放入二次发酵的工序中,会将没有完全分解的有机物以及较难分解的有机物进行二次分解,使它们彻底分解为稳定的有机物。

后处理：经过两次发酵后,降解后的有机物变得更加细碎了,数量也大大减少。

脱臭：由于每一个堆肥环节中都会产生臭味,这些臭味的成分有氨气、二氧化硫、硫化氢等。

储藏：一般可直接存放在发酵池当中或者装袋。需要注意的是,一定要保持干燥,不然会影响堆肥的品质。

厌氧发酵技术

在沼泽地化粪池中,人们总能看到一些气泡不断地冒出。如果点燃火柴,我们会发现,这些气泡是能被点燃的。这就是天然的沼气。那么,你知道沼气是怎么产生的吗？

厌氧发酵又叫作厌氧消化或沼气发酵。那么,什么是厌氧发酵呢？它是指脂肪、碳水化合物、蛋白质等有机物在适宜的湿度、温度,在完全密闭没有氧气的环境下,经过沼气菌落的发酵,最终形成沼气、沼液、沼渣的过程。

农村用来厌氧发酵的原料有什么

在农村进行厌氧发酵的原料很丰富,比如人畜的粪便、各种秸秆、厨余垃圾、废水等。这些物质都是厌氧发酵的不错选择。

发生厌氧发酵需要的条件

厌氧发酵的发生需要满足以下6个条件：

1.严格的厌氧环境。在投放物料之前,一定要检查沼气池是否漏气、漏水,一定要确保沼气池是一个完全密闭的环境。

2.发酵菌落要充足。一般从正常产气的沼气池、死水塘等取来污泥或料液都可以作为发酵菌种。通常第一次投料的菌种使用量大概是投料量的 10%~30%，如果温度较低则需要适当增加。

3. 料液的浓度要合适。由于沼气池的发酵浓度会随着季节的变化而改变。通常浓度为 6%~12%，高温季节的浓度在 6%~8% 比较合适，低温季节的浓度在 10%~12% 比较合适。

4. 发酵温度要合适。通常沼气菌在 10℃ 以上就可以活动，当然，在温度相对较低的春冬季节时，需做好保温或升温措施。

5. 发酵原料要合适。一般厌氧发酵选择的原料是纯牛粪，有时会使用一半猪粪、一半牛马粪。需要注意的是，粪或鸡粪不能用来作为启动沼气池的发酵原料。

6. 酸碱度要合适。一般进行厌氧发酵的酸碱度 pH 值在 6.5~8，最佳的酸碱度 pH 值是 6.8~7.5。

厌氧发酵的三个阶段

通常厌氧发酵分三个阶段进行，第一个阶段是液化阶段，第二个阶段是产酸阶段，第三个阶段是产甲烷阶段。

第一个阶段是液化阶段：一般固体有机物很难进入微生物体内被微生物分解利用，为此，它们需要在好氧或厌氧微生物分泌的胞外酶、表面酶的作用下，进一步水解为可溶性的氨基酸等物质。这些物质的分子相对较小可以进入微生物的细胞内,从而被分解利用。

第二个阶段是产酸阶段:固体有机物水解后的各种可溶性物质在各种细菌作用下,从而被分解为低分子物质,比如乙酸等简单的有机物。与此同时,在此阶段也会释放出二氧化碳等无机物。当然,第二阶段会产生70%以上的乙酸,所以这个阶段被称为产酸阶段。

第三个阶段是产甲烷阶段:第二阶段中产生的大量乙酸等有机物在产甲烷菌的作用下,会继续分解出甲烷以及二氧化碳。在这个过程中产生的二氧化碳又会和氢气反应,最终还原为甲烷。由于这个阶段主要产生甲烷,故称为产甲烷阶段,也称为产气阶段。

在产甲烷过程中,一些不参加甲烷形成的微生物被称为不产甲烷菌,其种类繁多,包括原生动物、细菌、真菌。产甲烷细菌则可以进行厌氧代谢,从而形成甲烷,所以被视作一个独特的类群。

需要注意的是,厌氧发酵的三个阶段并非独立存在,它们之间会相互影响、相互制约。

了解厌氧发酵的特点

厌氧发酵是一个十分复杂的生物、化学过程,它具有以下六方面的特点:

1. 参与厌氧发酵的微生物的种类众多。截至目前,没有任何沼气池是通过单一的菌种进行发酵的。

2. 参与发酵的原料来源广泛且复杂。发酵原料可以是单一有机物,也可以是混合物,不过,它们最终都会形成沼气。

3. 沼气微生物自身耗能低下,在同等条件下,厌氧耗能仅为好氧耗能的 $1/30 \sim 1/20$。

4. 沼气发酵的装置繁多,包括构造、材质等,但无论哪一种,只要能够生产沼气皆可。

5. 甲烷菌需要在氧化还原电位 $-330mV$ 以下的环境生活。

6. 沼气发酵必须在完全密闭、厌氧的环境中进行。

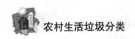

好氧堆肥技术

从汉代出土的陶器可以看出,当时的人们已经将猪圈和厕所建在一起,他们已经意识到利用人畜粪便了。到了南宋时期,我国已经掌握了好氧堆肥技术。

堆肥是一种古老的有机肥应用技术,在我国堆肥系统包括很多种。如果按照生物发酵的方式划分,可以分为好氧堆肥和厌氧堆肥。本篇将要围绕好氧堆肥展开详细叙述。

好氧堆肥的原理是什么

好氧堆肥是在有氧环境下进行的,好氧细菌会对废物进行吸收、氧化、分解。微生物在自我活动的过程中会将废物中的一部分有机物进一步氧化成结构简单的无机物,同时释放出适合自身生命活动的能量。与此同时,另一部分有机物则会被合成新的细胞质,进一步促进微生物的繁殖。在有机物降解的过程中会产生大量的热量,由于堆肥过程中热量无法及时释放到空气中,以至堆肥物料温度上升,导致一部分不耐高温的微生物死亡,相反,一些耐高温的微生物则会大量繁殖。这部分菌落在充足的有氧环境下,将有机物氧化分解,在此过程中大量热量也会随之产生。

好氧堆肥的三个阶段

好氧堆肥会经历两次升温,它可划分为初始阶段、高温阶段、熟化阶段。

初始阶段:在好氧堆肥的前期,不耐高温的细菌将微生物降解的同时会释放热量,从而使得堆肥物料的温度上升,此时温度可达到15℃~40℃。

高温阶段:随着堆肥温度的上升,在氧气充足的前提下,耐高温的细菌会快速繁殖,更多有机物会被继续氧化分解,同时释放更多的热量。此时,温度可达到60℃~70℃。当废物中的有机物被完全降解后,耐高温的细菌因缺乏养分,从而停止生长,此时堆肥温度开始骤降。当温度保持在40℃时,腐殖质形成。

熟化阶段:当堆肥冷却后,一些新的微生物会在残留的有机物上继续生长,从而完成堆肥过程。

好氧堆肥会受哪些因素影响

影响好氧堆肥的因素有很多,包括有机物含量、碳氮比、温度、含水率、供氧、pH值。

有机物含量:好氧堆肥中有机物含量一般在20%~80%,如果有机物的含量过低,微生物在发酵过程中难以产生足够的热量,这样就无法为堆肥提供适宜的温度,将会影响堆肥效果。当然,如果有机物的含量过高,则会影响通风供氧,继而导致厌氧和发臭的现象发生。

碳氮比:微生物的主要能量的来源是碳,同时,碳会参与微生物的细胞构成。蛋白质的主要构成部分是氮,它又会影响到微生物种群的繁殖。通常,碳氮比会保持一定比例。如果碳氮比过高,将会影响微生物的繁殖,减缓有机物降解,延长发酵时间。如果碳氮比过低,多余的氮元素会转变成氨氮,进而挥发,如此一来,则会大大降低肥效。

温度:温度会影响微生物的活性,这也是堆肥成功与否的关键。好氧堆肥中温度会发生很大改变。在不同温度下,耐高温微生物和不耐高温微生物会发挥不同的作用。

随着蔬菜生产消费力度的加大,越来越多的病残株被丢弃,它们俗称尾菜。尾菜在腐烂的过程中会变成新的污染源,从而危害人类自身以及农作物的生长。

为此,人们通过多年研究,终于研究出70℃高温好氧技术,既消灭了病原菌,又让堆肥正常发酵,从而攻克尾菜无害化难题。

含水率:水分是影响堆肥的一大重要物理因素,这里提到的水分指整个堆肥过程中的含水量。堆肥中的含水量主要发挥两个作用:第一,溶解有机物,让它们更好地参与降解反应;第二,调控堆肥温度,如果温度过高,水分蒸发将会带走一部分热量,从而降低堆肥温度。总之,水分含量的多少将直接影响好氧堆肥过程中微生物降解的速度。

供氧：好氧微生物必须在有氧环境下生存，氧气的含量将会影响微生物活动的强弱。当前，人们在好氧堆肥中为微生物提供氧气的方法有主动通风和被动通风。

pH值：在堆肥过程中，pH值会随着温度和时间的变化而改变。好氧堆肥pH值最好保持在中性或弱酸性。在好氧堆肥的过程中，pH值最初会呈弱酸性，随着微生物对有机物的降解，pH值会越来越高。通常情况下，堆肥中的pH值会处于稳定状态，以确保微生物的降解。另外，pH值会影响堆肥中氮的存在形式，最终影响堆肥的肥效。

好氧堆肥的类型有哪些

好氧堆肥技术可划分为三种，分别是好氧静态堆肥技术、间歇式好氧动态堆肥技术和连续式好氧动态堆肥技术。好氧静态堆肥技术投资成本低，但是由于供氧不充分，物料板结相对严重，容易出现厌氧环境，肥料质量较差。相比之下，间歇式好氧动态堆肥技术和连续式好氧动态堆肥技术要比好氧静态堆肥技术更好。接下来，让我们再详细了解这三种好氧堆肥类型。

好氧静态堆肥技术：这种好氧堆肥技术通常是在露天强制通风垛或者封闭的发酵池等内进行，当物料被放到相关发酵装置后，无须任何操作，只要静待物料腐熟运出即可。

间歇式好氧动态堆肥技术：将物料分批次进行发酵，对于富含有机物的物料，需要通过强制通风，并用翻抛机对物料采取间歇式的搅拌，以避免物料结块，促使发酵。这种好氧堆肥技术发酵周期相对较短。

连续式好氧动态堆肥技术：它是通过连续进料、出料的方式，将物料在一个专门的发酵装置内一次性发酵。物料会处于连续翻动的状态，这样物料会均匀混合，大大缩短了发酵周期，还可有效杀死病原体，防止产生异味。

第四章 我国农村垃圾处置的办法

蚯蚓生物降解技术

每逢下雨天,总能看到蚯蚓从土壤中纷纷爬出来,它们爬向路面,爬向房屋前……蚯蚓的样子并不讨人喜欢,因为它长相丑陋,不过,蚯蚓却是农民的好帮手。这是为什么呢?

蚯蚓被认为是地球上最有价值的动物,它们可以吞食畜禽粪便、有机物垃圾等。另外,蚯蚓还可以疏松土壤、提高肥力。蚯蚓的掘地特性确保了土壤健康,还推动着循环农业的发展。在此基础上,人们开创了蚯蚓生物降解技术。

如何选出合适的蚯蚓

蚯蚓的种类有很多,那么,哪种蚯蚓最适合处理废物呢?为此,蚯蚓选种成为这项生物降解技术的关键。我们选取的蚯蚓一定要具备吞食性高、掘地性能强、繁殖力强等特点。研究蚯蚓的专家们经过反复筛选,最终选择以赤子爱胜蚓作为生物降解技术的主要品种。这种蚯蚓的体长在35~130毫米,宽为3~5毫米。它们广泛分布于新疆、黑龙江等地。

让蚯蚓快速繁殖是关键

由于蚯蚓种的数量有限,为此我们需要让蚯蚓快速繁殖。先将蚯蚓种放到特定的繁育区,这里要事先为蚯蚓创设好过夏、过冬的环境。蚯蚓在夏天需要遮阳、遮雨,定期补充水分;冬季需要为它们覆盖稻草,必要时还要为它们覆盖塑料,确保地温。

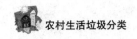

将蚯蚓种平铺在地上，在上面覆盖潮湿的牛粪以及粉碎的秸秆，厚度约2~30厘米。时刻观察牛粪的外形变化，当牛粪变成颗粒状后，需要及时添加潮湿的牛粪。大概两个月，每8~10平方米的繁育区就能繁殖出40~50千克的蚯蚓。

着手准备物料

将日常生活中收集的植物残体等堆放在物料间。当积累到一定数量时，用粉碎机将这些物料粉碎成5厘米以下的长度。事先准备好足够的牛粪，将牛粪进行堆放，它们会自然发酵，这样有利于蚯蚓的吞食。

开始堆置发酵

将新鲜的牛粪以及粉碎植物残体以每1立方米的植物粉碎残体和1立方米的新鲜牛粪，通过搅拌机或人力混合均匀。这种生物降解技术的碳氮比应保持在25∶1~35∶1。水分含量以混合物攥住不滴水，且能成团为最佳。一般夏季堆放三周，冬季堆放两个月。

接种蚯蚓

混合物发酵之后，将蚯蚓均匀地撒在混合物的上层。大概每1立方米可接种1.5~2千克的蚯蚓。另外，在堆置上方还应搭建简易的遮阳避雨的装置。混合物的pH值应保持在7.0左右，温度控制在20℃~25℃为宜。

蚓粪分离

通常蚯蚓的年繁殖率在1000倍左右，每天它们会消耗大约为自身体重一半的有机物，减少大概体积为50%的废物。当堆置的混合物减少时，混合物的顶端的粪便会呈现颗粒状，这意味着蚯蚓降解处于收尾阶段。此时，可将新鲜的粪便堆置在一旁，用黑色的塑料薄膜覆盖，促使蚓粪分离。蚯蚓分离出来后，可以处理下一批混合物。

蚯蚓生物降解技术的好处

蚯蚓生物降解技术将废物变宝，为人类带去效益的同时，也保护了人类健康。这项技术一直被国内外接受，是因为蚯蚓的处理能力较强，还可以降解农药等有害物质。除此之外，蚯蚓没有二次污染的风险，附加值还很高。

对于土家族村民郎某而言，他从没有想过将牛、肥料、蚯蚓放在一起，在他看来，这些事物之间根本没有什么关联。不承想，如今它们却紧密相关，不仅解决了农业污染问题，还让他有了经济效益。

一次偶尔，郎某看到牛粪上有蚯蚓。他通过网上查阅，得知牛粪可以饲养蚯蚓。后来，郎某看准蚯蚓养殖市场，经过学习，引进种苗，在老家开始发展。

走进郎某的养殖基地，只见牛粪被一垄一垄地摆放，牛粪层下面又饲养着蚯蚓。蚯蚓降解牛粪后的排泄物又是一种不错的有机肥，被运送到各种果园、茶园。如今，"肉牛—牛粪—蚯蚓—有机肥"早已吸引当地更多养牛大户的加盟。

由此可见，蚯蚓生物降解技术将会被更多人知晓并广泛应用。

以填埋为主的垃圾处理方式

走进一个小村庄，只见村口有一个臭水塘，水塘边上堆着各种垃圾。正值夏季，行人走过时，苍蝇、蚊子嗡嗡嗡地响，一股令人作呕的味道迎面扑来。在一些农村地区这样的情形并不少见，那么，我们要如何处理这些垃圾呢？

垃圾处理的方式有很多，比如焚烧、堆肥、填埋等，今天我们了解一下垃圾填埋，这种垃圾处理方式是现在农村常用的一种处理方式。

什么是填埋

填埋是处置固体废物的一种方法，它是利用传统的废物堆放以及填埋技术发展起来的一种处理技术。填埋过程中利用了工程手段、技术措施，进一步阻止渗滤液以及有害气体等污染土壤、大气、水体等。总之，整个填埋过程是一种无害的土地处置废物的方法。

填埋场选址需遵守哪些原则

垃圾填埋是不少农村处理垃圾的办法，可是，垃圾填埋并不是简

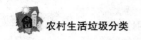

单的填和埋。尤其是对垃圾填埋场的选择更是非常严格。那么，填埋场的选择需要遵守哪些原则呢？

1. 符合当地水土资源保护、大气防护等要求。

2. 远离水源，尽量在地下水的下游地区。

3. 选择地质情况相对稳定，取土便捷的地区。

4. 在土地价值低廉、人口密度低、方便施工的地方。

5. 在交通方便，运输距离合理的地方。

6. 符合环境测评要求。

7. 填埋的容量以及使用的期限，最好在10年以上。

8. 选址不能受到洪水等自然灾害的影响。

9. 不能引起群众不满，对社会造成不良影响。

10. 尽量利用天然的峡谷、废坑等，不过，边坡的坡度不能太大。

垃圾填埋场的选址是整个填埋设计规划的关键。由上可知，一般要遵循两个原则：第一，选址不能对当地造成污染；第二，经济合理。

填埋场处置垃圾需遵守的原则

由于垃圾的来源各不相同，它对于人类及自然的危害程度也各不相同。为此，在填埋场处置这些垃圾需满足以下原则：

1. 分类处置，区别对待一般废物和危险废物、放射性废物等。

2. 严格隔离，最大限度地将生物圈和危害废物以及反射性固体废物隔离。

3. 集中处理原则。

昔日的盐泉镇金蝉村路旁会看到脏乱的垃圾池，如今取而代之的是干净的垃圾桶。当地的村民说："过去，垃圾扔到垃圾池里，尤其是夏日总是臭气熏天。如今，我们将垃圾扔到了垃圾桶中，将垃圾盖盖上，臭味儿也没有了。"

据悉，全村一共放置着70多个垃圾桶。在那里基本上制止了乱扔垃圾、焚烧垃圾的情况。从两年前，村中就实行了物业化模式管理村民的生活垃圾。整个金蝉村的农村生活垃圾会被收集起来，经过中转站压缩后，再送往垃圾填埋场处理。

将农村的垃圾集中处理，可有效避免垃圾肆意堆积，及时清除垃圾，让农村变得更加干净、美丽。

填埋场的类型有哪些

填埋场的类型有很多。根据填埋场的不同地形可以划分为平地填埋、山间填埋等；根据填埋场地质条件的不同，又可以分为干式填埋、湿式填埋以及干、湿混合式填埋；根据填埋构造又可以划分为自然衰减型填埋场、全封式型填埋场、半封闭式填埋场……

德国某州根据固体废物的类别，以及为了保护水资源等因素，填埋场包括以下各级填埋场：

一级填埋场：这是最简单的土地填埋处置，即惰性废物填埋场或堆放场。这种填埋场是将建筑废物等惰性废物直接填埋到地里。这种填埋包括浅埋和深埋两种。

二级填埋场：这种填埋场主要处置矿业废物，包括电厂的粉炭灰等废物，这些废物会对水源等造成轻微影响。

三级填埋场：这种填埋场处理的垃圾通常是对人类健康造成危害的固体废物，多为城市垃圾。

四级填埋场：一般用于处置烟气脱硫后的石膏等工业有害废物，也称为工业废物填埋场。

五级填埋场：主要处理一些危险的废物，这种填埋场对于选址、建造等有着特殊的要求。

六级填埋场：又称为特殊废物深地质处置库，主要处置一些有害废物，比如易爆废物、易燃废气等，这些废物无法在地面填埋场处置，只能在地下几百米深的地方进行操作处理。

填埋场的气体组成及特性

填埋场的气体指被填埋的垃圾被微生物降解后产生的气体。这些填埋气体有甲烷、二氧化碳、氮气、氧气、氨气、氢气、一氧化碳等。

这些填埋气体不仅是味道臭、令人讨厌的气体,还会危及人类身体健康、会产生温室效应、不利于植物生长,严重时会引发爆炸。

生活垃圾的热解气化技术

垃圾围村一直困扰着农村人,也是农村环境整治的重点。只有消除垃圾,才能建设美丽的农村。那么,我们可以采取哪些高效处理垃圾的方法呢?

如今,垃圾处理依然是我国棘手的问题。当前,我国仍有不少地方以传统焚烧的方式处理垃圾。可是,由于垃圾的成分越来越复杂,垃圾湿度大,热值较低,传统焚烧对空气污染越来越严重。于是,在不断的探索中,生活垃圾的热解气化技术走进了人们的视野。

什么是热解气化技术

生活垃圾的热解气化技术指在高温、缺氧的条件下,将可以气化的生活垃圾投放到热解气化炉中,经过热解气化反应后,这些垃圾中的有机物会被热解气化,进而热解为可以燃烧的气体,剩下的物质则是熔融炉渣。

早些年,大东镇所属的县城封闭了垃圾填埋场。对此,大东镇面

第四章 我国农村垃圾处置的办法

临着垃圾无法运出的难题。他们开始寻找处理垃圾的新办法。在一个帮扶单位的牵线搭桥下，该镇引进了一套热解气化设备。

自从引进了这种设备，每天定时定点都会有专门的人员去为他们分拣垃圾，从而将可处理减量的垃圾用热解气化设备减量。

生活垃圾是一种潜在的可再生能源，将它们热解气化不仅可降低处理垃圾的成本，还可以获得可利用资源，这种处理垃圾的办法可谓一举两得。

热解气化技术的原理

热解气化技术是利用垃圾中有机物具有热不稳定的特性，在无氧或缺氧的条件下，对这些有机物进行加热蒸馏，从而使其发生裂解。当冷凝之后，它们会裂解成各种新的气体、液体、固体，人们可以从中提炼可燃气、燃料油等。

热解的产率高低和垃圾中有机物的化学、物理等特性相关。在低温、低速加热的前提下，有机物分子可以充分热解，从而结合为更稳定的固体，如此一来，将难以进一步热解，此时固体产率会升高。在高温、高速加热的前提下，有机物分子会彻底热解，进一步形成低分子的有机物，热解产物中的气体会大大增加。当然，一些有机分子颗粒度较大，如果想让它们充分热解，则需要更长的加热时间，在这个过程中将会发生二次反应。

另外，不同的有机物进行热解初期的温度也各不相同。不同温度下的热解反应过程也各不相同，产物也随之不相同。

简而言之，热解的本质是利用加热，进一步使得有机物分子热解为更小的小分子，最后析出的过程，它有效控制了垃圾处理过程中的二次污染。

热解气化装置的构造

热解气化装置是由热解气化炉、高温燃烧室两大部分组成。

热解气化炉是一种可以让垃圾处于平行下流式固定的炉床，这种气化炉需要在低于大气压条件下运转。气化炉的上部呈方形，下部有缩口，在炉室内还铺设200毫米的绝热保温层。

高温燃烧室和气化炉相连接，它是由圆筒形燃烧室和旋风分离器组成。

热解气化技术的分类

由于热解炉、供热方式等因素影响，热解的方式也各式各样。根据热解的方式可划分为直接加热法和间接加热法。接下来，我们将针对这两种热解技术展开介绍。

直接加热法：这种热解技术过程中，供给被处理的废弃物的热量来源于一部分被处理的废弃物在直接燃烧过程中向热解炉提供补充燃料时产生的热。众所周知，燃烧需要氧气。为此，在反应过程中提供空气、富氧、纯氧，则会发生不同的热解反应。如果以空气作为催化剂，由于空气中富含氮气，它会稀释可燃气，会降低可燃气的热值。如果热解反应以纯氧作为催化剂，在此过程中会产生二氧化碳、水等气体，如此一来，就会稀释可燃气，也会大大降低热解反应的热效应。

间接加热法：这种热解技术是将被处理的废弃物从直接供热介质的热解炉中分离出来的一种方法。在此过程中，人们会通过干墙式导热或某种中间介质进行传热。值得一提的是，这种热解技术的优点在于它能产出品质高的可燃气。

农村生活垃圾焚烧发电

在几十年前，总能看到很多废品收购站。如今，尽管每天依然有各种生活垃圾被丢弃，可是人们对它们不仅仅是简单的回收利用，而是将它们送进了垃圾焚烧厂，然后静待能量的转换。这到底是怎么一回事呢？

相关调查显示，随着经济发展，到2025年，全球废物总数量将会达到22亿吨，那时，中国每年产生的垃圾大概有6亿吨。届时会出现垃圾围城、垃圾围村的现象。垃圾堆填埋、堆肥等技术已经不能满足日益增长的垃圾产量，我们需要采取更有效的垃圾处理措施。垃圾焚烧发电是相对理想的一种选择。

第四章 我国农村垃圾处置的办法

了解焚烧发电的原理

将垃圾收集后,需要进行分类处理,一类垃圾的燃烧值较高,它们则会进行高温焚烧,从而彻底消灭垃圾中的病原性生物以及有腐蚀性的有机物,在此过程中热能会转变成高温蒸汽,进一步推动着涡轮机转动,从而使发电机产生电能。另一类无法燃烧的有机物需要对其进行厌氧、发酵处理,最后进入干燥脱硫,形成甲烷,也就是我们常说的沼气,然后再对它们进行燃烧,将热能转化为蒸汽,进一步推动涡轮机转动,最终产生电能。

当运输车将生活垃圾运输到焚烧厂后,那里的工人会将垃圾通过地磅称重,随后将垃圾卸到垃圾池。工人通过垃圾吊车将垃圾运送到焚烧炉内使其燃烧。送风机的入口和垃圾池是相通的,在850℃~1100℃的焚烧炉内,垃圾臭味会被热分解为无臭气体。

焚烧发电会经历三个阶段:干燥、燃烧、燃尽。自动燃烧控制系统可以随时控制燃烧炉内的情况。另外,垃圾焚烧过程中产生的高温烟气,会进入循环锅炉内,从而形成高温蒸汽,为汽轮发电组提供汽源。

焚烧发电的工艺类型

根据焚烧发电的主体不同,可划分为五种类型:流化床焚烧炉、机械炉排焚烧炉、脉冲抛式焚烧炉、CAO式焚烧炉、回转式焚烧炉。

流化床焚烧炉:这种焚烧炉是由很多孔洞的布板构成,将大量石英砂投放到炉膛内,使炉内温度达到600℃以上,此时再将炉底吹入热风,温度要在200℃以上,从而使石英砂沸腾,这时再将焚烧炉内投入垃圾。这种焚烧炉容易产生结焦,系统连续运行能力偏弱。

机械炉排焚烧炉:这种焚烧炉的炉排是由干燥区、燃烧区、燃尽区构成,从进料斗装入垃圾,使其进入炉排,通过炉排的运动,进而将垃圾依次通过炉排的各个区域,直到燃尽,最终排到炉膛内。这种焚烧炉对垃圾的处理能力较强,系统连续运行能力较强。

脉冲抛式焚烧炉：通过自动给料口将垃圾投递到干燥床上进行干燥，随后被投递到第一级的炉排上，进一步挥发、裂解，最后在脉冲空气动力装置的作用下，垃圾再次进入下一级炉排。以此往复，当垃圾燃尽后会进入灰渣池，最终排出炉内。

CAO式焚烧炉：当垃圾进入生化处理罐后，垃圾在微生物的作用下开始脱水，其中厨余垃圾、叶子等天然有机物会被分解为粉状物体，其他比如像塑料橡胶等合成的有机物一般不会被分解粉化。在一系列筛选之后，没有被粉化的垃圾会进入温度为600℃的第一燃烧室中，在此过程中产生的可燃气体会进入第二燃烧室，不可燃以及不可热解的成分会从第一燃烧室排出。第二燃烧室的温度维持在860℃，待燃烧的物质会继续燃烧分解。

回转式焚烧炉：这种燃烧炉内排列着冷却水管或者是耐火材料，炉体会倾斜摆放。焚烧炉工作时，炉身会运转，从而使炉内垃圾燃烧充分，垃圾燃尽后会被排出。这种设备的利用率高，但燃烧温度不好控制。

焚烧发电技术的优点

相比其他垃圾处理的办法，焚烧发电技术有哪些优点呢？

1.处理速度较快。通常垃圾进行填埋后,垃圾完全分解需要7~30年,而通过焚烧发电技术处理垃圾,大概2小时即可将垃圾完全处理。

2.能源利用率高。每吨垃圾大概可以产生300多度的电能,每5个人产生的生活垃圾,在焚烧发电技术下产生的电能可供一个人日常用电所需。

望城区桥驿镇建造了长沙第一座生活垃圾焚烧发电厂,不同往常,这里没有蚊蝇乱飞的现象,四处一片整洁。这里是将生活垃圾变废为宝的地方。只见一辆垃圾车缓缓地驶入卸料大厅,将垃圾从卸料门倒入储坑内。工作人员利用储坑顶上的三个巨型垃圾抓手,将垃圾从储坑内运送到焚烧炉内。大量的垃圾都被转化成日常用电,实现了垃圾的潜在利用率,同时也解决了垃圾对环境污染的问题。

3.减量效果良好。同等质量的垃圾,以填埋、堆肥、焚烧发电减量率分别为30%、60%、90%,由此可见,焚烧发电技术的减量效果是显而易见的。

4.排污率低下。根据相关调查可知,垃圾焚烧产生的污染远远低于垃圾卫生填埋产生的污染。

5.节省占地面积。对于同样待处理的垃圾,垃圾焚烧厂的占地面积仅为卫生填埋场的1/20~1/15。

水泥窑协同处置

我国处理生活垃圾的办法有焚烧、填埋、堆肥等,但大部分人以卫生填埋为主。如今,又出现了一种新型处理垃圾的办法,它就是水泥窑协同处置,这种垃圾处理的办法更为安全、环保,早已成为人们处理垃圾的重要手段。

什么是水泥窑协同处置?它是指人们在生产水泥时,对能达到入水泥窑标准的固体废物进行无害化处理的过程。这是一种新型处理固体废物的方法。接下来,让我们详细了解一下这种垃圾处理方式吧。

水泥窑协同处置的垃圾有哪些

水泥窑协同这种装置可以处置生活垃圾、危险废物、工业污水处理污泥、受污染的土壤等固体废物。不过，对于没有拆解的废电池、电子产品、血压计等废物则无法进行处理。另外，通常可以投递到水泥窑协同处置的固体废弃物，其物理特性以及化学性质相对稳定，它们含有的重金属以及硫等元素的含量要符合《水泥窑协同处置固体废物环境保护技术规范》（HJ662—2013）的要求。

认识水泥窑协同处置危险废物

什么是水泥窑协同处置危害废物呢？它是指有危险的废物投递到水泥窑中，从而对有危险的废物进行无害化处理的过程。相比传统的危险废物焚烧炉，水泥窑协同处置危险废物更安全、无害化率更高。

水泥窑协同处置有哪些优点

由上述可知，水泥窑协同处置优点有很多，让我们逐一看看它到底有哪些优点。

1. 可处置的废弃物种类繁多。这种装置在处置废弃物时，并不会对水泥生产造成任何影响。相反，水泥窑的适应能力很强，可接纳的废弃物种类繁多，即便因不同废弃物处理的方式略不同，对水泥窑协同处置稍做调整也不会影响到水泥的正常生产。

2. 可将废弃物彻底焚烧。在水泥窑中，火焰温度可达1800℃~2000℃，其物料的温度至少可达1450℃。而且，废弃物停留在高温区的时间较长，有利于废弃物完全分解。

3. 处理的量大，状态相对稳定。水泥回转窑热容量大，温度达到1000℃~1450℃的物料大概有100吨，它们有利于平复废弃物进料温度的波动等外界因素，其处理相对稳定。

4. 成本低廉。水泥生产的设备和废弃物焚烧设备可以共用，所以，人们不需要专门再添加窑炉，这无疑节约了建设窑炉的投资。

5. 危险废弃物的灰渣可以被再次利用。当危险废弃物投掷到水泥窑焚烧之后，其产生的灰渣可以当作水泥生产的原料，进一步参与到水泥生产的过程中，大大降低了灰渣的污染以及处理费用。

6. 大大减少二噁英的产生。水泥生产过程中会产生氧化钙，它有很高的吸附性，均匀地分布在水泥窑协同处置中。如此一来，整个装置处于一个碱性环境，大大抑制了废弃物酸性物质的排放，从而大大减少二噁英的产生。

在一个乡镇中，只见一辆运输车用垃圾抓手一趟趟将垃圾投入燃烧中的焚炉中。在那里，没有废渣、废液，也闻不到任何气味。

一名工作人员说，每天他们都会用水泥窑处理 500 吨的垃圾，这相当于节省了 60 吨的标煤。不仅如此，这种垃圾处置的方式不占地，还不会产生二次污染，同时，二噁英的排放量也远远低于国际标准。

相比传统的焚烧炉，水泥窑协同处置过程中的气固二相悬浮系统可有效抑制二噁英和呋喃等污染物的形成，对空气污染几乎为零。

7. 水泥熟料可更好地固化重金属，使无害化处理更高效。当废弃物进入水泥熔融的熟料时，重金属会被固化在水泥熟料的晶格中，使得重金属更好地被固化。

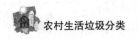

8.水泥厂地分布广泛,有利于废弃物及时处理,大大节省了运输费用。

简易垃圾填埋场的修复

随着经济快速发展,土地资源日渐紧张,如何才能将垃圾填埋场重新开发利用,已然成为更多人关注的焦点。

很多乡镇都有各种简易垃圾填埋场,由于前期并没有进行专门建设,通常它们都是一些偏僻的山沟或低洼地,为此,存在很大的安全隐患。所以,如何对简易垃圾填埋场进行有效防治已经迫在眉睫。

简易垃圾填埋场危害有哪些

简易垃圾填埋场危害有哪些呢?接下来,我们一起去了解一下。

填埋气对环境的污染,并存在一定的安全隐患。由于简易垃圾填埋场并没有建设填埋气排放或收集系统,为此,它会给当地带去环境污染以及安全隐患。填埋场的垃圾在微生物的作用下,会产生大量的二氧化碳和甲烷。当大量填埋气在填埋场积累后,在多方作用下会迁移到周围地层。甲烷是一种易燃、易爆气体,当它达到一定浓度后,遇火就会燃烧。为此,在我国很多垃圾填埋场都曾发生过火灾或爆炸情况。另外,二氧化碳和甲烷都属于温室气体,同时,甲烷的温室效应比二氧化碳高很多。与此同时,填埋气中的硫化氢等物质极臭,它们的存在让填埋场臭气熏天,以致在附近生活的人们对此怨声载道。相关报道称,填埋场中的有害气体会严重影响胎儿的发育,比如先天畸形等极有可能和这些填埋气息息相关。

简易垃圾填埋场产生的渗滤液对周围环境造成污染。由于简易垃圾填埋场没有修建专门收集渗滤液的设施,以致垃圾分解出的高酸性渗滤液会被肆意排放,当地的水土严重被污染。另外,渗滤液中富含重金属、高浓度的氨氮以及各种病原体等。一旦这种渗滤液被树木吸收,树木会很快烧死。与此同时,这种渗滤液所到之处寸草不生。为此,一旦渗滤液进入地下水,则会造成严重的地下水污染,人类不仅不能饮用地

第四章 我国农村垃圾处置的办法

下水,如果触碰到还会引发各种皮肤疾病。值得注意的是,地下水的污染是不可逆的。

简易垃圾填埋场占用的土地面积大,严重破坏了景观。随着时间的推移,越来越多的垃圾被堆积,填埋场越来越稀缺。人们排斥政府重新建造新的填埋场,而且建造新的填埋场无疑需要重新投入一大笔资金。

除上述内容之外,简易垃圾填埋场还存在其他诸多危害,比如噪声、疾病等,这些问题都严重威胁着周围人们的生活和健康。

如何修复简易垃圾填埋场

面对简易垃圾填埋场存在的各种危害,我国政府展开了积极补救的措施,主要包括:将垃圾搬移、加速垃圾分解、高效处理填埋气、让植被再生、让填埋场再生。

1. 将垃圾搬移是修复垃圾填埋场最直接的办法。人们可以将垃圾搬移到卫生填埋场、焚烧厂等进行处理。

早些年,北京通州大稿村将当地存放的50万吨垃圾搬移到北神树的填埋场,实现了无害化处理。垃圾搬移带来的好处是显而易见的,不过,在搬移过程中需要注意爆炸、火灾等问题。搬移之前要严格测定垃圾填埋场中的甲烷浓度,可有效规避安全隐患。

2. 加速垃圾分解。一般需要30年左右的时间才能将垃圾分解,可见,这是一个非常漫长的过程。如果想要加速垃圾分解,则需要为微生物提供有利的条件,如此才能降低对环境的污染,也会缩短土地恢复的时间。

北京石景山区采用了"抽气输氧曝气法"的方式促使垃圾分解。相关人员将黑石头垃圾山的表面打出许多深井,人们通过深井向垃圾运送充足的氧气和水,进而使每个角落的垃圾得到充分分解。据悉,这座垃圾山大概两年后就能消耗殆尽。

3. 高效处理填埋气。填埋气容易造成爆炸、火灾等危害,为此,人们必须要对填埋气进行高效处理。通常,一些小型填埋场会直接将填埋气通过管口燃烧后排放,一些大型填埋场会利用管道收集,进一步被用作燃料。

4. 让植被再生。被修复后的填埋场可进行植被再生。不过，由于填埋场毒性较强等因素，大大限制了植被的生长，通常，那里只有一些杂草生长。为此，人们需要改良填埋场的土壤特性，才能实现植被再生的愿望。关于植被再生需要满足两个条件：首先，找到适合在填埋场生长的植被；其次，为植被提供有力的环境。大多数情况下，简易垃圾填埋场的生态环境恶劣，另外，不同类型的填埋场其自然环境也各不相同。一般会选择本土抗逆性强、有利于管护的修复植物。比如画眉草、牛筋草等。

5. 让填埋场再生。什么是填埋场再生？它指将曾埋在填埋场的垃圾挖出后，选出有价值的废品，再对垃圾填埋场进行无机化处理等再埋回去的措施。如此一来，不仅提高了垃圾的利用率，还大大节约了填埋空间。另外，这样做还减少了填埋场封场费用，减少对新填埋场的需求。

农村生活干废物再利用技术

农村生活垃圾一直在探寻着变废为宝的道路，这对于保护环境、防治污染等有着深远意义。那么，人们又找到什么可行之路呢？

干废物是农村生活垃圾中很难降解的一种垃圾。近年来，将农村干废物进行资源利用成为人们研究的焦点。下面将从农村生活干废物的现状以及再利用展开详细介绍。

农村生活干废物的利用现状

农村生活干废物中有机物含量、水分含量等相对较低。为此，一般的垃圾处理方式，比如焚烧、堆肥等方式便不再适合。我国农村生活干废物主要包括五大类，分别是织物、生活垃圾焚烧炉渣、动物骨头、发泡混凝土、废旧塑料。

织物：随着服装产业的发展，越来越多的织物成为生活垃圾。据不完全统计，全球每年都会有4000万吨以上的废弃织物。而某些地区的农村生活垃圾中的废弃织物占比达9.1%。传统的织物资源化的方法有物理法、热能法、机械法、化学法。

生活垃圾焚烧炉渣：农村生活垃圾在焚烧处理后会残留很多炉渣。在我国，炉渣被认定为无毒干废物，通常会选择直接填埋。当前，生活垃圾焚烧炉渣会作为道路工程的集料或者用于填埋场的覆盖材料。

动物骨头：每年我国会产生1500多万吨的动物骨头。由于动物骨头难降解，人们会选择打碎，再进行下一步处理。这对于垃圾分类以及资源再利用十分不利。当前，现代食品工业中，人们会将动物骨头制作骨粉、骨炭等。不过，这些手段相对复杂，其深加工率不足1%。

发泡混凝土：这种混凝土可降低水泥浆的密度，如果向其中充气，可形成一种轻质水泥基体发泡材料。它被广泛用于节能墙体材料中。随着农村城镇化脚步的推进，大量的建筑物被拆毁，如果将废弃的建筑物中的发泡混凝土回收利用，进一步制成水泥基体发泡材料用于农村生活污水处理，对于农村建筑垃圾减量化有十分重要的意义。

废旧塑料：科技的发展，带动着塑料产业的发展。塑料和人们的生活越来越密切。在农村生活垃圾中，塑料占有很大的比重。可是，对于其中废旧塑料利用率却相对低下。而且，随着废旧塑料的增加，对环境、人类的危害也越来越严重。为此，越来越多人关注着废旧塑料的去向。事实上，废旧塑料回收的利用价值较高，可生产出各种再生塑材或燃料。当前，废旧塑料回收再利用的技术包括物理法再利用、热能与还原性再利用等。

难降解干废物和生活污水共处置技术

我国农村生活污水排放有着排放面广、有机物浓度高等特点。随着农村水环境污染越发凸显，人们将难降解的生活干废物和农村污水处理思路相结合，研发出同时解决这两个难关的技术——难降解干废物和生活污水共处置技术。

生物膜法是处理农村生活污水技术中最佳的方法。它包括生物滤池、生物转盘、生物流化床、生物接触氧化池、曝气生物滤池等工艺。

其工作原理是：填料表面会依附微生物，从而形成生物膜。当污水接触到生物膜后，微生物会对污水进行吸附、转化，从而净化污水。

接下来，我们对曝气生物滤池工艺为代表的生物膜法处理污水工艺展开叙述。

曝气生物滤池工艺是由有机玻璃制作而成，其反应器结构有：排水系统、承托层、布气系统、布水系统、填料层等。这种工艺利用织物、动物骨头、发泡混凝土处理污水。其最佳的水力停留时间，分别是8小时、8小时、6小时。当水力停留时间皆为6小时的时候，织物、动物骨头、发泡混凝土对浊度的去除率分别是98%、96%、96%。另外，在不同的水力停留时间情况下，它们处理污水的浊度相差不大，可见，这三种干废物填料可很好地截留、过滤污水中的悬浮物。

福建省安溪县建立了农村生活垃圾干废物处理生活污水设施，其采用了自然通风、上进水的生物滤池工艺，利用织物、动物骨头、发泡混凝土作为填料，进而有效处理污水。

由此可见，农村生活垃圾干废物处理生活污水小有成果，相信随着科技的发展，将会有更多的生活干废物处理方式走进人们的生活，为人们带来便利的同时，也创造不菲的价值。

第五章
农村零垃圾及公共区域垃圾处理

何谓零垃圾？就是指在生产、生活等过程中，尽量减少对资源的损耗，进而减少垃圾产生，或者以某种措施减少垃圾产生的一种过程。接下来，我们将围绕在生活、种植、养殖等过程中如何做到零垃圾以及如何处理公共区域垃圾问题进行详细叙述。

让生活零垃圾成为农村新风尚

生活中我们在消耗东西的同时，也在制造着垃圾。比如，当我们用各种塑料袋装着形形色色的物品时，或许我们自己还没意识到，垃圾正在悄悄地形成……

垃圾并不会凭空消失，它们会被堆积在某个角落，如果我们一味丢弃，早晚有一天，我们的生活将会被垃圾包围，以致调节系统失灵，资源枯竭，人类也将陷入生存的困境。为了避免这种情况的发生，一种新的生活方式——生活零垃圾走进了我们的视野。生活零垃圾指在生活中尽可能不制造生活垃圾的一种生活方式。事实上，很多人已经过上了零垃圾的生活方式，这是一种生活态度。

零垃圾改变我们原有的生活方式

生活零垃圾真正做到了原生态、不浪费、再循环，这是一种科学的环保理念。它提高了我们的生活品质，也让我们的生活变得意义非凡。当然，倡导这样的生活理念，是为了提升人们对垃圾的认识，进而减少对垃圾的排放。

生活零垃圾给我们一个崭新的世界

零垃圾倡议使我们减少了不必要的耗费，追求简单、健康的生活方式。零垃圾让我们变废为宝。当零垃圾思想走进农村时，一个崭新、活力十足的农村将会呈现在我们面前。

浙江省安吉县孝丰镇横溪坞村是一个人口稀少的村庄，那里只有几百户人家。进村口会看到这样的提示："您已经进入零垃圾村庄。"零垃圾早已成为横溪坞村的特色。2013年，横溪坞村进行了垃圾集中处理；2014年，横溪坞村推行了垃圾分类，厨余垃圾有了新的归属；2017年，横溪坞村的村民养成定时定点倒垃圾的习惯，垃圾不落地工作的有序展开；如今横溪坞村又开展了垃圾不出村工作。这到底是怎么一回事呢？

第五章 农村零垃圾及公共区域垃圾处理

横溪坞村将一个废旧的厂房改造成了垃圾处理区，那里陈设了各种环保科普知识，以及相关环境保护的各种手工艺品等。比如用废旧灯泡做的花瓶、用树枝做的飞机模型等当地村民用废弃物制作的各种手工艺品，或粗糙，或精致，但都能感受到他们对生活的热爱。

横溪坞村发生的翻天覆地的改变，让我们看到一个内外皆修的美丽横溪坞村。让我们看到零垃圾生活方式的本质是变废为宝，以此进一步实现绿色环保的新生活。

生活零垃圾技巧有哪些

在农村生活中，生活垃圾比重较大。那么，我们如何通过零垃圾生活方式改变我们的生活现状呢？

1. 用蜂蜡保鲜膜代替传统的保鲜膜。由于，蜂蜡保鲜膜是用布料制成的，一旦浸泡上蜂蜡，便可多次使用，它和传统保鲜膜一样，可以包裹各种蔬菜、水果。

2. 用不锈钢吸管取代塑料管。众所周知，长期使用一次性塑料吸管不利于人体健康，另外，一次性吸管使用一次后就会被丢弃，它是形成白色垃圾的罪魁祸首，为此，让我们用不锈钢的吸管取代一次性塑料吸管。

3. 用布购物袋取代塑料袋。布购物袋不仅环保，还可以循环利用。另外，布购物袋结实、耐用，去农贸市场、超市十分方便、实用。

4. 用亚麻手帕取代一次性纸巾。亚麻材质的手帕有着超强吸水性，不仅如此，它的抗菌能力也很强。在生活中，不妨准备一款亚麻手帕，在就餐或出汗后都可以使用。

5. 用自带水杯取代一次性纸杯。这样做不仅健康，还可以减轻纸杯对环境造成的污染。

6. 用玻璃罐采购物品。在购物时，称散装物品时，不妨将它们放入提前备好的玻璃罐中，一则可以延长食品的保质期，二则自备容器对于我们的健康有保障，还能尽量减少使用塑料制品。

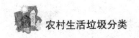

7.外出时,随身携带自己的餐具,拒绝使用一次性筷子、一次性餐盒。

打造绿色新农村,实现种植业零垃圾

当你走进农村,在一些玉米种植地区,你会看到大量玉米秸秆被焚烧……尤其是在春季播种前,一些农民会在田间地头处理上一年残留的玉米秸秆,只见滚滚浓烟升入空中。也许有人会问,难道玉米秸秆不能回收利用吗?那么,种植业是否能做到零垃圾呢?

我们都知道农民主要以种植业为生,为此,各种秸秆、枯枝等垃圾繁多。想要建设新农村就要实现农村种植业零垃圾。如何才能实现种植业零垃圾呢?

秕壳类资源的回收利用

提起秕壳,其实它和秸秆的回收利用十分相似,不仅可以制作成饲料,还可以还田促耕,用于栽培食用菌等。除此之外,它还有哪些用途呢?

用秕壳生产沼气。沼气是以甲烷为主的可燃气体,它是在无氧条件下,厌氧细菌对有机物分解而成。固体废弃物沼气化是农业处理固体废弃物的一种有效途径。

山东某村发展了猪舍和沼气相结合的低压沼气池,当地农民将秕壳类农业固体废弃物等用于饲养生猪。猪的粪便又被注入沼气池,进一步生产沼气。那里的人们利用沼气做饭等,用滤液养鱼,还将沼气渣当作农田肥料,一个多功能生态农场便应运而生了。

用秕壳制作酒精。玉米秸秆、玉米芯等都属于农业固体废弃物。它们富含纤维素、淀粉,是酒精制作不错的原料。在利用这些农业固体废弃物制作酒精时,纤维素和淀粉无法直接分解为酒精,而需要通过酵母菌将无法直接利用的纤维素和淀粉先转化为糖,继而再通过酵母菌,进一步制作成酒精。

用秕壳堆肥。秕壳在经过堆肥之后,可有效提升土壤肥力、促进

第五章 农村零垃圾及公共区域垃圾处理

农作物生长等。通常，每亩地每年需要400千克的有机质，才能确保土壤有机质充足，供养农作物正常生长。高质量的堆肥还可以为土壤提供丰富的有机质以及其他养分。经过堆肥的有机质会熟化土壤，进一步提升土壤的孔隙率，大大改善土壤结构。另外，高质量的堆肥中富含腐殖质粒子，它可以提高土壤肥力。

酒糟的回收利用

什么是酒糟呢？它是谷类作物发酵蒸馏后的副产物，一般有两个来源：一则来自酿酒行业中的副产物；二则来源于制作燃料乙醇的副产物。另外，酒糟的产量极大，如果不对其进行回收利用，它将会成为农业种植业方面的重大垃圾源头。每生产1吨95%的药用酒精可以产出约26吨的酒糟。为此，对酒糟进行回收利用迫在眉睫。

蛋白质是酒糟干物质的主要成分。当然，在这些干物质中，还有灰分、黑色素、纤维素、焦糖、脂肪等物质。由此可见，酒糟的营养价值极高。不仅如此，酒糟中还富含生长素以及B族维生素。人们对酒糟的回收利用最先想到的是，将酒糟用于家畜饲料中。为了方便运输，人们将酒糟制作成了酒糟浓缩液和干酒糟，大大发展了家畜养殖业。此外，酒糟中的微量成分和玉米浆的组成类似。于是，部分玉米浆被酒糟浓缩液取代，如此一来，也能更好地缓解粮食困境。

另外，一些酒精工厂对酒糟加以发酵生产沼气。如此一来，可有效节约锅炉用煤。

河南省南阳酒精厂将酒糟进行沼气发酵。每一吨酒糟可以产出23立方米的沼气。每一立方米的沼气相当于0.8千克的煤燃烧产生的热能。通常，酒精厂利用较大容量的酒糟发酵池发酵沼气。

综上所述，酒糟的再利用除了上述几方面内容，还被用于提取甘油、生产蛋白、纤维素酶，制取糖用活性炭以及生产原酒，等等。总之，经过对酒糟的回收利用，不仅解决了酒糟的去向，还能有效节约资源。

养殖业零垃圾，打破传统养殖思维

提到养殖业，相信不少人最先想到的是臭气烘烘的牛群、鸡群、猪群……确实，养殖过程中产生的各种动物粪便，给人留下的是糟糕的印象。其实，只要采用科学的方法，养殖业也能零垃圾。

什么是养殖业零垃圾？即通过减量化、资源化等体系，进一步将养殖过程中所产生的废弃物加以利用或对不可利用的污染物进行无害化处理，这对养殖业的发展意义重大。接下来，我们将从养鸡业、养牛业、养猪业如何实现零垃圾处理展开叙述。

养鸡业实现零垃圾

养鸡业中，鸡粪是最主要的养殖垃圾。如果鸡场没有必备的排污设施，鸡粪势必污染附近的水源，为此，如何处理养殖场的鸡粪成为首先要关注的重点。

事实上，鸡的消化道过短，它们摄入的营养物质一般在没有彻底消化前就被排出了体外，为此，鸡粪中残留了大量营养物。所以，只要对鸡粪进行合理化处理，就能变废为宝。那么，生活中，人们是如何处理鸡粪的呢？

膨化处理：鸡粪可用于饲养奶牛、猪、鱼等。尤其是配合奶牛的颗粒饲料使用，不仅降低了奶牛的饲养成本，还很好地处理了鸡粪。

广东某村民经营的养鸡场，不同于一般的养鸡场。他从不发愁鸡粪的去处，每逢鸡粪堆积到一定量后，便会将50%左右的鸡粪同一定比例的菜籽饼、玉米粉、豆饼等混合，再加入适量的发酵剂，加入适量的水。大概3~4天就能发酵完成。最后再制作饲养奶牛的颗粒饲料。进而为周边养牛场提供廉价的饲料，使得养鸡和养牛之间形成良好的循环。不过，由于鸡粪中有一些致病菌等物质，在制作专业的饲料时，一定需要经过发酵剂处理，从而为奶牛提供无病毒饲料。

干燥法：将新鲜的鸡粪经过太阳烘烤，使鸡粪中的水蒸发，这样做可有效降低微生物对鸡粪的分解，保持鸡粪的价值。

发酵法：将鸡粪和适量的碳源混合，利用发酵的方式，提升鸡粪中粗蛋白含量，进而达到除臭目的。一般用的发酵法有充氧发酵、自然厌氧发酵等。

养牛业实现零垃圾

在我国不少地方对牛粪的利用率极高，人们将牛粪撒在田间，提升土壤肥力。还有不少地方利用牛粪养菇、制作沼气，进一步形成了"秸秆养牛—牛粪种菇—菇料还田"的循环模式，从而使牛粪高效利用，为人们带去了更高的效益。再到后来，牛粪又被人们用于制作饲料。接下来，我们会讲述如何将牛粪加工成饲料的简单工艺。

第一种牛粪加工工艺：将新鲜的牛粪装入发酵缸内，随即加入10%~20%的能量饲料，比如糖蜜、麦麸等，加水至稀稠状态，大概2~5天发酵完成。

第二种牛粪加工工艺：将新鲜的牛粪根据干物质量加入含甲醛为38%~40%的0.5%的甲醛溶液，将它们充分搅拌后，放置4~6小时。按照干物质含量为23%的鲜牛粪计算，将每100千克的鲜牛粪加入115克的甲醛溶液。

上述这两种牛粪再生饲料不仅可用于饲养生长发育的肥猪，还可以饲养妊娠前繁殖母猪。与此同时，牛粪再生饲料还可以替代部分反刍动物的粗饲料。总之，其应用前景十分广阔。

养猪业实现零垃圾

养猪业的污染主要体现在粪尿，当前有一种相对成熟的循环经济模式有利于清除养猪业带来的污染——养猪业+沼气工程+种植业（水产业）。

这种循环经济模式的原理是：将养殖、种植以及能源、环境保护有机结合，充分利用循环利用，降低养殖废弃物对环境带来的危害。把猪的粪尿干湿分离之后，将废水引入沼气池进行发酵。在发酵过程中产生的沼渣以及干粪可以用来生产有机肥。沼渣可以培育蚯蚓，它们可以做饲料也可以药用，而产生的沼气可供养殖户日常做饭、取暖灯。沼液可以饲养猪，还可以用于防治农作物的病虫害。如此一来，养猪场内产生的所有废物都得到充分利用，实现了养殖业零垃圾。

强化农村公共区域垃圾规划

近年来，农村公共区域垃圾的问题越发突出，随着垃圾产量增加、成分的复杂，我们需要尽快找到整治这一问题的办法。

第五章 农村零垃圾及公共区域垃圾处理

随着经济发展,人们的新房越盖越高,各种小汽车增多了,农村的餐桌丰富了……可是,环境卫生却越来越糟糕。在农村公共区域内,总能看到垃圾肆意堆放、污水横流……农村公共区域垃圾泛滥的问题已成为影响农村环境的主要问题。

什么是农村公共区域

农村公共区域是社会生活的一个领域,从本质上来讲,农村公共区域是对所有的村民开放而成的场所。比如,村口、池塘、河边、老树下、祠堂、合作社、村委会、村小学等。当然还有村民举办民俗节庆等的场所,这些都属于农村公共区域,是人们进行信息交流、消磨时光的开放空间。

农村公共区域垃圾的现状

建设社会主义新农村就要打造一个整洁的村容,然而,垃圾处理却成为打造新农村的绊脚石。不少村庄存在这样的现象:村内大小街头可以看到各种垃圾,村外的马路边、沟壑、排水渠内、荒地堆放着各种垃圾,成为村民特定或自然堆放垃圾的场所。整体来看,这些垃圾存在于农村的公共区域内。接下来,我们以曹家庄的公共区域垃圾现状调查,展开进一步说明。

垃圾分布情况：没有固定的垃圾点，村内街道上都可以看到零星垃圾，村内的路旁也堆满了垃圾。在曹家庄的西北方向有两个大水坑，曾用于排水，如今却成为垃圾坑，随着垃圾的堆积，大水坑面积不断缩小。

垃圾处理方式：每天会有村民将自家产生的垃圾在路旁焚烧处理，还有的村民会将垃圾直接扔到路中央碾压，但大部分人会将垃圾扔到大水坑中或道路两旁。

房前屋后、村内外随处可见的垃圾堆，却无人过问，农村公共区域早已被各种垃圾包围，俨然成了"垃圾中的村庄"，解决农村公共区域垃圾已经成为目前建设新农村的迫切问题。

农村公共区域垃圾的处理

为完善农村环境整治，建设美丽新农村，需要加强农村公共区域垃圾处理，具体可以从以下三方面做起。

推动农村公共区域垃圾治理。完善农村垃圾收运处理体系，以健全体系、创建机制作为向导，不断完善农村公共区域垃圾收集、运输、处理等环节，进而推动农村公共区域垃圾处理。

推行农村公共区域垃圾就地分类以及资源利用。推动农村公共区域垃圾分类投放、收集、运输、处理，进一步实现垃圾的减量化、资源化。

对于非正规的垃圾堆放点进行排查及整治。以村为单位，对每个村庄陈旧生活垃圾堆放展开摸底调查，针对不同情况，进一步结合填埋覆土、直接清运等治理方式，有计划清理非正规垃圾的堆放，从根本上消除垃圾围村的现象。

提升农村村容、村貌

积极治理公共区域的环境。每逢村中举行重要节日时，村委会可针对全村展开卫生集中清理活动，重点处置公共区域堆放的杂草、垃圾等现象，进一步建立常态化的工作机制。不断完善农家书屋、卫生所等公共服务设施，提升农村公共服务水平。

推进农村绿化建设。在村旁、路旁、宅子旁、水坑旁实现绿化，从而提升公共区域的生态环境。另外，充分利用闲置的土地，根据高低错落、多层次等原则，实现农村植被绿化。

深入展开农村卫生环境整治行动。积极引导村民养成良好的卫生习惯，推动村庄定期开展大扫除、义务劳动等活动，禁止乱扔垃圾等不文明行为，从而创建良好的农村新风貌。

禽畜养殖污染防治的脚步不能停

提到禽畜养殖，我们能想象到养殖场内遍布着动物们的粪便，居住在附近的村民，尤其是夏季总能闻到禽畜粪便的恶臭味，总能看到令人讨厌的苍蝇。总之，农村禽畜养殖业存在着很大的环境污染问题。

我们所说的禽畜主要是指可以为人类提供肉、蛋、乳等，经过驯化的动物。具体来分，禽畜分为家畜和家禽。家畜有猪、羊、马等；家禽有鸡、鸭等。在农村，禽畜养殖是不错的副业，农民不仅可以在养殖上获得一定收入，还不会耽误农田种植。可是，禽畜养殖业为养殖户带来利益的同时，也对周边环境造成一定的危害。

禽畜养殖对环境污染的现状

禽畜养殖对环境污染主要包括三方面：粪便污染、水质污染、大气污染。

粪便污染：在禽畜养殖中，粪便是养殖过程中最主要的垃圾。由于禽畜粪便中含有致病菌、寄生虫卵等，这为畜畜之间的传染提供了可能。与此同时，没有经过处理的禽畜粪便会引发人畜交叉感染，严重威胁着人们的健康，也影响着养殖业的健康发展。另外，由于禽畜养殖户环保意识低下，他们肆意排放禽畜粪便，一旦降雨，这些禽畜粪便则会侵入地下水系。为此，继生活污水、工业污染之后，禽畜粪便是造成农村环境污染的又一大原因。

水质污染：大部分的禽畜养殖场没有完善的污水处理设施，以致禽畜污水肆意排放。在禽畜污水中有很多污染物质，其中氮磷含量尤其高，一旦排入河水，将会导致水体富营养化，从而导致水生生物死亡。另外，受禽畜废弃物污染，有毒物质深入地下水，将会导致地下水污染。随着地下水有毒成分的增加，则无法被人类饮用或利用，而且地下水一旦被破坏，则难以恢复。另外，如果用未经过处理的禽畜养殖污水直接灌溉农田，污水中的有毒物质会导致农作物腐烂，长期利用污水灌溉农田，会使农作物倒伏，乃至减产。不仅如此，高浓度的污水还会影响土壤质量，用污水灌溉农田，会导致土壤板结，降低土壤的透气性。

大气污染：经过发酵的禽畜粪便会生成甲烷、氨氮等有毒气体，这些气体不仅会让禽畜养殖场发出阵阵恶臭，还会威胁人类健康。在禽畜养殖场附近，由于养殖人对禽畜粪便处理不当，以致四周会发出难闻的气味，影响周围人们的生活。

导致禽畜养殖污染的缘由

禽畜养殖排放的禽畜粪便、污水等直接或间接地影响着人类、动物、大气等。那么，是什么原因导致禽畜养殖的污染？

第一，禽畜养殖户没有强烈的环保意识。由于大部分的养殖户只关注自身利益，忽视了养殖过程中对环境的保护。加上当地政府看中经济发展，忽略了环境保护，从而导致禽畜养殖业的污染越发严重。

第二，养殖户处理污染的能力低下。当前，我国禽畜养殖业没有施行相应的行为规范。大部分的养殖场场地简陋，没有建设相应的污染处理设备。与此同时，养殖户没有专业的养殖污染防治知识，自然无法规范处理养殖过程中所产生的污染。另外，由于治污资金匮乏，造成养殖户肆意将禽畜养殖废物排出。

第三，相关环境部门监管不到位。尽管我国对"三农"问题十分关注，可是，部分地区过于注重养殖业发展，而忽视了环境监管，以致部分禽畜养殖业发展越来越好，周边环境却越来越糟糕，最终陷入一种恶性循环的处境。

第四，各个管理部门沟通不畅。管理禽畜养殖业的部门有生态环境、工商、规划建设等。由于各个部门沟通不畅，以至于监管禽畜养殖业的力度不到位，为禽畜养殖业污染提供了可乘之机，从而大大增加了污染处理的难度。

如何防治禽畜养殖带来的污染

随着禽畜养殖规模的扩大，治理禽畜养殖带来的污染势在必行。

1. 加强宣传指导。通过宣传法律法规，进一步提升禽畜养殖户的环保意识。对禽畜养殖户进行相关培训，让农民树立生态养殖的观念，推广"农、牧、渔、沼"等多位一体的生态养殖，指导养殖户规范禽畜养殖行为。

2. 加大治理力度。对于新建、扩建的禽畜养殖场需要符合土地利用总体规划、禽畜养殖污染防治规划等。严格查处禽畜养殖污染排放不达标的养殖场，问题严重的则要关闭处理。对于非法占地、肆意排放的禽畜养殖场可进行强制拆除。

村民梁某在村民居住的区域内建设了养猪场，该养猪场没有配套的防污措施，便投入养殖生产，严重影响了周围村民的生活。随后，附

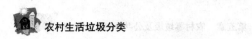

近村民联合提起诉讼，请求法院封闭梁某的违法养猪场，并承担相应环境修复的费用。在诉讼期间，梁某停止了生猪养殖。经法院审定，因梁某的养猪场建设不符合相应规定，随即进行查封，并给予一定惩罚。

3. 政府补贴扶持。政府需提供禽畜养殖污染治理的专项资金，鼓励禽畜养殖户发展生态养殖，养殖户对禽畜粪便污染治理可申请政府补贴。

4. 明确各方职责。由于禽畜养殖是一项系统性的工程。政府部门应建立禽畜养殖污染防治小组，与此同时，相关部门应明确各方职责，各部门加强配合，从根源上解决禽畜养殖污染的问题。

以农村工业污染防治为重点

如今越来越多的乡镇企业成为农村经济发展的支柱。不过，随着乡镇企业的发展，环境污染的问题也与日俱增。

从人类历史发展的角度来讲，正是因为工业的不断发展，才让我们进入一个全新的时代。随着工业的发展，不少农村也兴建起工业，即农村工业。

我国农村工业的发展特点

我国农村工业的发展具备以下四个特点。

第一，劳动密集型结构。由于农村人口诸多，为此农村工业生产方式呈现出劳动密集型的特点。随着经济水平的增长，人们消费能力提升，促使劳动密集型生产不断发展。

第二，有原始资本积累。在改革初期，间接形成了乡镇企业的原始资本积累。重工业得到优先发展，从而使得农产品价格稳定。另外，随着家庭联产承包制度的执行，更多农民积极地投入生产中。

第三，不同地区，农村工业发展各不同。受到地理条件限制，不同地区的农村工业发展迥异。通常沿海地区农村工业发展迅速，相比之下，内地农村工业发展相对迟缓。

第四，农村工业和城市工业相得益彰。尽管农村工业和城市工业各不相同，可两者并非对立。农村工业可学习城市工业，不断提升自身管理及生产水平。

农村工业存在哪些污染

农村工业同样存在环境污染，具体表现为废气、废水、废渣。

废气：农村工业诸如化工、纺织、建材等行业，它们排出的工业废气包括硫化氢、二氧化硫、氟化物等。

废水：随着农村工业的发展，废水排放量也渐渐增多。不过，农村工业设施相对简陋，大部分农村工业的废水排放不达标。

在江苏经济区域中，苏南地区的农村废水排放量居第一位。当地工业将废水直接排放，污染了当地农村地表水、饮用水等。太湖是为农田灌溉的主要供给地，在10年时间内，它的水质降了一个等级，而且水质富营养化现象尤为明显。由此可见，当地农村工业废水肆意排放，对农业造成了不可忽视的恶果。

废渣：农村工业生产过程中产生的固体废物主要是炉渣，其中，有害废物包括冶炼固体废物、化工固体废物。

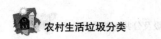 农村生活垃圾分类

农村工业污染表现的特点

第一，污染源多而分散。农村工业有着规模小、分散的特点。由于农村工业规模小，污染处理设备成本高，农村工业表现出"遍地冒烟"的窘境。

第二，污染类型繁多。农村工业包括了造纸业、酿酒、砖瓦、水泥等，所形成的污染源十分复杂。比如：造纸业的主要污染是废水排放；砖瓦、水泥的主要污染是废气排放；煤炭业的主要污染是固体废弃物。

第三，技术落后，资源浪费。由于农村工业技术落后，大多以粗放式生产经营为主，无疑会大量损耗原材料，给自然资源带来惨重的破坏。例如，乡镇采矿业的滥采、乱挖。

第四，环境治理水平低下。尽管农村工业的经济发展相对稳定，但其对"三废"的治理远远不够。据相关调查显示，农村工业存在管理难、治理难的问题，相比之下，农村工业污染要远超于城市工业。

如何防治农村工业污染

优化农村工业布局，坚持农村工业集中原则。严把农村工业布局，根据当地资源以及环境情况，合理安排农村工业布局。比如：排放废气的农村工业应建立在农村的下风方向；排放废水的农村工业应建立在远离村民饮用水或水源的下游；引导农村工业适当集中，做好农村工业选点布局。

解决当前突出的农村工业污染问题。对于当前严重威胁村民生活的农村工业，需要根据实际情况采取调整或关停措施。根据"谁污染，谁治理"的原则，让农村工业负责人承担起污染的责任，从而促进农村污染治理。

建立完善的农村环境检测体系。加大环境监察力度，严处农村工业污染问题，逐渐建立农村环境检测体系，定期公布农村环境状况。

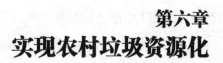

第六章
实现农村垃圾资源化

农村垃圾资源化是将废物变宝，无论是保护环境，还是节约能源，都有着非常重要的意义。尤其对于当前农村生活垃圾猛增及垃圾处理费不断提高的现象，实现垃圾资源化更为迫切，本章将从农村垃圾资源化的各项举措展开详细介绍。

农业废弃物是一种潜在的资源

垃圾是我们弃之而后快的东西，循环经济告诉我们"废物不废"，很多被我们视为垃圾的东西都可以再利用，因为废弃物是一种潜在的资源。

农业废弃物指在农业生产和村民在生活中产生的非产品产出，主要包括：畜禽粪便和植物纤维性废弃物。从经济角度来讲，农业废弃物是一种特殊形态的农业资源。接下来，让我们一起了解农业废弃物和资源之间存在的关系。

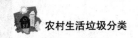

农业废弃物的类型有哪些

根据农业废弃物的来源可划分为以下三种类型。

第一种为生产废弃物，这种废弃物指果园以及农田中的残留物，诸如果实的外壳、杂草、秸秆等。

第二种为生产废弃物，这种废弃物主要包括禽畜粪便等，以及农副产品经过加工生产之后的剩余物。

第三种为村民在生活过程中生成的废弃物，包括人类粪尿和生活垃圾等。

什么是废弃物资源化

废弃资源化主要是指将废弃物进行循环利用的过程。因此，资源化又叫作"再生"。对于可再生的资源需做到积极保护，促使其持续发展；对于非再生的资源需以综合利用为原则；对原生性的资源充分发挥资源的潜力，最大限度地使用。

农业废弃物资源化存在的问题

尽管我国很早以前就对农业废弃物有再利用的措施，不过由于处理相对简单，既没有产生高附加值产品，也没有形成一定的规模。随着现代化农业的发展，农业废弃物的可利用问题越发凸显。目前，我国农业废弃物主要存在以下三点问题。

第一，重视度不够，缺乏相关法律法规。首先，不少农业生产者过于追求短期效益，不愿对农业废弃物进行再利用，而农业部门也只重视农产品生产，却忽视农业废弃物的再利用。其次，相关政策支持力度薄弱。尽管我国出台了相关废弃物资源利用的法律法规，但具体到不同地区农村，执行力度不够。大部分农业生产者缺乏相应的积极性，没有将农业废弃物资源化摆放到正确的位置。最后，尚未形成良好的农业废弃物社会化服务体系，这在某种程度上限制了农业废弃物资源化的发展。

第二，农业废弃物生成的产品价值低廉、单一。由于我国农业废弃物资源化发展方向模糊,以致农业废弃物转化的产品价值低廉、单一,从而滞后了农业废弃物产业化的进程。

第三,农业废弃物的利用技术低下,导致利用率低。尽管我国农业废弃物实现了资源化,但由于相关技术落后,导致一些废弃物可回收利用率低下。比如:农村对秸秆的再利用,多数是以直接焚烧或还田的方式处理;对禽畜粪便以烘干直接饲养的方式处理,大大降低了粪便的营养价值。

完善农业废弃物资源化的建议

针对上述农业废弃物资源化存在的问题,我们将提出建设性意见,使农业废弃物真正实现农业废弃物资源化利用。

树立农业废弃物整体发展的思路。在未来,农业废弃物依然呈增长模式,如果不加以处理,农业废弃物将成为我国环境问题的重要源头。因此,我们需要树立农业废弃物资源化整体发展思路,围绕"三环"展开发展。第一"环",根据生态循环原理,构建以种植、养殖为循环的农业模式;第二"环",根据循环经济原理,构建"生产—生活—生态—生命"一体化协调发展的"四位一体"发展模式;第三"环",在上述基础之上,进一步形成有着循环社会特性的农村。

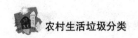

重视农业废弃物技术创新和集成。将农业废弃物技术发展作为研究的重点，不断建设并完善农业废弃物资源利用的技术保障体系，让技术得到推广，从而实现生态经济农业。

据相关报道称，某地政府为当地百姓提供了现代化科学技术，为他们搭建了现代标准化燃料乙醇工厂。在政府作为百姓的支撑的背景下，确保了这项技术的可靠性，一旦出现问题能及时解决，既使当地百姓从中获益，也让当地的生态农业得到飞速发展。

实践证明，我国农业未来会朝着生态农业方向发展，而实现生态农业发展的根本就是实施标准化。

农作物秸秆的资源化

曾经，秸秆是美丽乡村道路上的风景，它们给予我们丰富的粮食，走进田野，我们看到物产的丰盈。如今，更多秸秆被人们丢弃，它们在风中唱着生命的挽歌……

一般秸秆指成熟农作物的茎和叶，农村常见的秸秆大多是玉米、水稻、高粱等农作物成熟并将果实摘取之后剩余的部分。秸秆是一种可利用的资源，它富含有机物，不仅可以作为土壤有机质来源，还可以用于其他行业。总之，秸秆的再利用对于农业发展有非常重要的意义。

秸秆是一种宝贵的资源

农作物秸秆是由植物细胞壁组成，主要成分是粗纤维，其中也含有少量的粗蛋白、粗脂肪、灰分等。另外，不同地区、不同品种的农作物秸秆在成分、利用工艺上也不尽相同。

比如：用于饲料的秸秆，富含粗蛋白、粗脂肪，而纤维素等成分含量相对较少；用于建筑的秸秆，富含纤维素、木质素，而蛋白质、脂肪等成分含量相对较少……另外，玉米秸秆外皮的纤维度高，有着很好的韧性，可用来造纸、制作一次性植物性纤维餐具。

所以，根据秸秆的不同组成成分、结构特点等，对其进一步加工利用。秸秆的具体价值表现在以下几个方面。

1. 根据秸秆的物理特性，进一步生产质地轻、吸声、隔热的植物纤维强的材料。

2. 将含热量高、可燃性强的秸秆，制作成能源。

3. 从秸秆中提取的有机化合物、无机化合物可以用于制作化学制品以及化工原料。

4. 将富有营养的秸秆制作成饲料或者是加工成酒、醋等生化制品。

5. 利用秸秆的特殊构造，进一步生产保温材料、催化剂载体等。

秸秆不仅拥有植物生长所需的养分，还是不错的饲料原料。同时，秸秆中富含有机物，可以为农作物提供有机肥，为土壤增强有机物。总之，秸秆资源对于农业可持续发展，进而减缓环境污染有着不可忽视的作用。所以，农作物秸秆属于潜在的资源，当我们对它们进行充分挖掘和利用，将会发现它们的真正价值。

将秸秆还田，实现资源化利用

近几十年来，化肥在农村得到了广泛推广，甚至取代了农家肥等有机肥料。现如今，我国是世界上使用化肥最多的国家之一。可是，我国大部分农村对化肥的利用率存在过剩的情况。我国平均化肥利用率在30%，这不仅造成了投资浪费，还影响了土壤环境。

长期单一使用含氮化肥等无机肥料，将会导致土壤营养成分单一、土壤板结等问题。同时，由于大部分的化肥可溶于水，伴随着降雨过程，没有被农作物吸收的磷肥、氮肥等很容易被冲入江河湖泊，从而导致江河湖泊中氮磷物质增多，水体富营养化，使藻类等水生浮游生物无节制生长。除此之外，化肥还会污染蔬菜、瓜果等，使其富含硝酸盐，从而威胁人体健康。

基于此，减少无机化肥的使用率，将秸秆还田已经迫在眉睫。利用秸秆粉碎机将各种农作物的秸秆在田间直接粉碎，均匀撒在田间，再加以翻耕，使秸秆埋入土壤分解。

黑龙江省探究出了机械化秸秆还田的技术，以"一翻两免"的耕作技术，实现了秸秆还田，并取得良好的效果。这种技术以机械翻耕秸秆还田之后不再耕播种植为主线。粉碎的秸秆长度在10厘米左右，翻耕深度在30厘米以上。一直以来，黑龙江省是产粮大省，也是出产秸秆大省。经过多年的探索，黑龙江省将秸秆还田和保护耕地相结合，实现了秸秆的有效利用。

将秸秆还田，不仅是对秸秆的资源再利用，同时还有以下三方面功效。

可以改善土壤的结构。秸秆在分解的过程中不仅释放养分，也会腐殖质化，促进土壤团粒结构。

可以固定氮素。相关研究表明，将秸秆粉碎翻耕后，可以为土壤固氮，供当季农作物再次利用。

可以促进土壤植物养料的转化。将秸秆还田可以更新土壤有机质，为农作物生长提供氮、磷、钾等元素，还可以强化土壤微生物活动，加速分解植物养料，促进土壤"生物小循环"。

当前，将秸秆还田的方法主要有三种：传统沤肥还田、整株还田、根茬粉碎还田。

秸秆的其他资源化利用

当然,秸秆除了直接还田实现资源化利用,还可以用于其他方面。

将秸秆变沼气。传统沼气制作用到的原材料便有农作物秸秆等有机物,在隔绝空气以及适宜的条件下,经微生物发酵,进一步生成沼气。当然,人们为了获得高质量的沼气,常会将秸秆粉碎再投入沼气池中,经过粉碎后的秸秆长度大概在3~16毫米。其工艺流程为:粉碎的农作物秸秆→和禽畜粪便掺杂→投入沼气池→厌氧型微生物发酵→形成沼气→用于农户生活中。

将秸秆变原料。在工业方面,农作物秸秆也有很大的发展空间。目前,秸秆已经被广泛应用到纺织、建材等行业。比如,将农作物秸秆制作成可降解的包装材料。另外,将粉碎的农作物秸秆加入阻燃剂、黏合剂等,制作成一种建材,这种建材十分轻便。除此之外,农作物秸秆还能用于生产淀粉、木糖醇、造纸等行业。

将秸秆变饲料。由于农作物秸秆中富含营养物质,通过微生物学原理,进而降解农作物秸秆,使其转化为生物蛋白饲料,从而饲养反刍类家畜,如牛、羊等。需要注意的是,如果直接将秸秆用于饲料,由于秸秆中的蛋白质、脂肪等含量较少,粗纤维较高,禽畜适口性会变得较差,无法满足禽畜生理需求,所以一定要对其进行加工。一般秸秆饲料化的处理包括物理和化学加工技术。秸秆的物理处理法有热喷处理技术、秸秆挤压膨化技术。秸秆的化学处理法有氧化处理、复合处理、氨化处理、碱化处理。

另外,秸秆还可以用于制作固体生物质燃料、在秸秆中种植蘑菇等。

"百变"的禽畜粪便

在农村,禽畜粪便常被当作废弃物丢弃在村中的角落。事实上,禽畜粪便是一种可再生的资源,如果农民可以对禽畜粪便加以利用,它们不仅不会危害环境,还能为农民创造新的利益价值。

20世纪60年代禽畜粪便威胁着环境，这也促使人们探究对粪便再利用的技术。随着科技的不断发展，越来越多处理禽畜粪便的技术应运而生。接下来，就让我们一起了解一下关于禽畜粪便的相关知识！

我国禽畜业发展的现状

提到禽畜养殖，我们第一时间会想到农村。确实，在农村有很多禽畜养殖的农户，他们的养殖形式各异，有企业型、有家庭型，还有专业户型。从养殖规模来看，少则几百头，多则上万头。

天津在各个郊县建立了肉蛋禽类生产基地，为京津地区提供丰富的肉蛋产品。当前，天津市禽畜品种有奶山羊、肉牛、火鸡、兔子、绵羊、鹌鹑、山鸡等。据相关调查，天津家禽养殖规模化达80%，养猪规模化达70%、养牛规模化达50%。

一个国家现代化水平的高低决定了养殖业的发展水平，养殖业不仅带动了市场发展，也调整了农村产业结构，让农民变得更富有。不过随着禽畜养殖业的发展，大量禽畜粪便被堆积，如何对其进行资源化利用是众多养殖户需要思考的问题。那么，现在禽畜粪便的现状又是如何的呢？首先，我们要了解禽畜粪便的具体含义，它主要是指禽畜诸如牛、羊等排泄的粪便、散落的毛羽、养殖场的垫料等固体废弃物，而根据养殖种类的不同，粪便排量也各异。

天津的禽畜养殖中，禽畜排粪便的量排序大致为牛＞猪＞家禽。当然，牛的排粪便的量高于其他禽畜，并非因为它们数量多，而是因为它们单日排泄量高于其他禽畜。另外，天津饲养猪的数量庞大，所以它们的排泄量仅次于牛。尽管鸡的饲养量是最大的，但是它们的排泄量远远少于牛和猪，故排到了最后。

禽畜粪便资源有哪些特点

禽畜粪便是一种资源，它有以下五方面特点。

不同禽畜的粪便成分各不相同。不同禽畜的粪便成分相差较大。

常见的禽畜中，牛粪的含水量最高，鸡粪中富含有机质，猪粪的有机质含量较低。

不同禽畜的粪便排泄系数各不相同。什么是禽畜粪便排泄系数？它指在某段时间内禽畜的排泄量，通常可按照年、月、天计算排放系数。我国饲养的禽畜主要有牛、羊、猪、鸡、鸭、鹅等。一般禽畜粪便排泄系数大小为：牛＞猪＞羊＞鸭＝鹅＞鸡。当然，对于同一禽畜，在不同生长期的排泄量也各不同。通常随着禽畜体重增加，其排泄量也会随之增加。

禽畜粪便富含营养物质。禽畜粪便中含有大量的有机质，比如氮、磷、钾等，同时也含有铁、锌等微量元素。如果这些有机质和微量元素没有被禽畜吸收，它们就会通过禽畜粪便排出。这也是禽畜粪便富含营养物质的根本原因。

禽畜粪便靠近居民生活。我国大部分的禽畜养殖地位于人烟稀少的地方。不过，也有30%左右的禽畜养殖建于民居以及水源附近，这无疑会影响到村民生活。另外，禽畜养殖的场地选择不佳，极易造成禽畜粪便围村的窘境。

禽畜粪便量分布不均。过去的养殖业大多是以农家散养为主，现在主要以规模化、集约化为主。在地域上，禽畜养殖业存在分布不均的特点，大部分禽畜养殖集中在沿海一带，比如山东、广东等地，致使这些地区的污染更严重。

禽畜粪便的"多重身份"

禽畜粪便也可以被资源化，经过加工处理之后，禽畜粪便会有"多重身份"，它们可以用于制作肥料、沼气、饲料，种蘑菇，发展养殖业。

将禽畜粪便制作成肥料。将禽畜粪便、农作物秸秆等和一定比例的碳氨、水分、氧气混合，在一定温度下，经过微生物发酵，生成一种能用于基肥的肥料。

将禽畜粪便制作成沼气。禽畜粪便沼气技术有着成本低、处理效果好等特点，经过处理的禽畜粪便不仅能制成沼气，还能为农户提供优

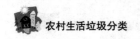

质肥料，这都大大降低了禽畜粪便对环境的污染。

将禽畜粪便制作成饲料。随着畜牧业的发展，人们对蛋白饲料越来越关注，禽畜粪便就是其中一个。

1953年，美国阿肯色州农业实验站将鸡粪制作成羊的饲料的试验成功后，人们对禽畜粪便的研究更加深入。加之，由于全球粮食短缺以及畜牧业的发展，越来越多的国家将禽畜粪便饲料化。

禽畜粪便饲料化的方法主要有干燥法、分离法、直接利用法、青贮法、有氧发酵法等。需要注意的是，禽畜粪便必须经过无害化处理才能用作饲料。

用禽畜粪便种植蘑菇。我国是最先利用禽畜粪便种植蘑菇的国家。人工栽培蘑菇是以牛粪、鸡粪以及农作物秸秆等为原料，进一步生产蘑菇。蘑菇采摘后，这些培养液还可以作为动物的饲料或者是植物的肥料。

用禽畜粪便发展养殖业。如今越来越多的人利用禽畜粪便等养殖过程中的固体废物饲养蚯蚓，蚯蚓又可作为动物高蛋白饲料，从而实现了生态平衡的良性循环。

农村建筑垃圾的再利用

在一条有几千米长的乡道上，道路一侧倾倒着各种垃圾，其中主要以建筑垃圾为主，包括水泥块、废砖头、渣土……在一些农村地区，类似的情形随处可见，对建筑垃圾的再利用成为农村环保工作的重要内容。

近些年，我国农村建筑垃圾对人们的生活生产以及环境产生越来越大的影响，人们对治理农村建筑垃圾的呼声越发强烈。本文将针对农村建筑垃圾的相关内容展开探究，并提出合理处理农村建筑垃圾的相关建议或方法。

什么是农村建筑垃圾

农村建筑垃圾是指农村建设的各种工程中产生的固体废弃物，包括水利工程、农户建房等施工过程中形成的残余废料，比如砖块、泥土、混凝土等。农村建筑垃圾的主要成分是砖石,其利用价值较低,人们通常将它们倾倒在马路旁或和生活垃圾混堆。

农村建筑垃圾的危害

农村建筑垃圾的危害很多,具体有以下五方面的危害。

农村建筑垃圾对土壤的污染:通常建筑垃圾会被露天堆放,在风吹日晒下,建筑垃圾中的涂料等会释放出多环芳烃的物质,这种物质会以垃圾的渗滤液为载体进入土壤中,经过各种物理、化学乃至生物反应,最终污染土壤。被污染的土壤又会影响微生物以及植物的生长,从而破坏土壤内部的平衡。当有害物质长期在土壤中积累,轻则危害植物生长,重则导致植物死亡。另外,当植物吸收了有害物质后,有害物质会进入果实,人们食用了果实,还会影响人们健康,以此往复,一种恶性循环将会长期存在这一食物链中。

农村建筑垃圾对大气的污染:在适宜的条件下,堆放的建筑垃圾会释放出有害气体,从而污染大气。比如,废弃的石膏中富含硫酸根离子,在厌氧条件下,硫酸根离子会转化成硫化氢,这种物质会散发出臭鸡蛋的味道。另外,堆放的建筑垃圾中还含有各种细菌、粉尘,一旦起风,它们会随风飘入周边,污染大气的同时,也危害人们的健康。

农村建筑垃圾对水资源的污染:堆放的建筑垃圾在雨水的冲刷下,通过发酵作用渗滤出污水,随后进入地表水、地下水,从而对水资源造成污染。由于建筑垃圾渗滤液成分过于复杂,一旦污染了水源,后果不堪设想。

农村建筑垃圾对村庄形象的影响:村民装修家庭用房时,尘土四处飞扬,路边堆满了各种建筑垃圾。遇到降雨时,各种建筑垃圾在雨水冲刷下,污水横流,过往行人不得不绕道而行。另外,由于建筑垃圾在堆放和清运时,存在覆盖不严等情况,以致出现灰尘飞扬、沿街散落等。

农村生活垃圾分类

农村建筑垃圾占用大量土地面积：一项新工程在建设之前，需要将废旧的建筑进行拆除，为此，需要寻找多个新的建筑垃圾消纳场，如此一来将会出现建筑垃圾占用大量耕地面积，最终增加了土地压力。

农村建筑垃圾的资源化

当前，在农村建筑垃圾处理方面已经有了再生利用技术。将建筑垃圾进行分拣、粉碎后，它们便可以当作再生资源应用到其他方面。比如，用建筑垃圾造景、用建筑垃圾再生骨料、用建筑垃圾再生地砖、用建筑垃圾再生环保型砖块。

建筑垃圾造景：将建筑垃圾处理之后，给堆砌的胶结表面喷砂，作为假山景观工程的原材料。当前，不少农村利用建筑垃圾建造了"假山"。

天津某地利用500立方米的建筑垃圾建造了"山水相绕、移步换景"的景观。濮阳市同样也充分利用了建筑垃圾建造景观，一方面消纳了建筑垃圾，另一方面也创造出有山有水的美景。

总之，利用建筑垃圾建造各种景观，不仅大大消纳了各种建筑垃圾，还为当地带来不错的社会效益。

建筑垃圾再生骨料：建筑垃圾中的废弃混凝土的再生利用价值极

高，将废弃混凝土加工成废弃混凝土骨料不仅带来了一定的收益，还实现了建筑垃圾的资源化。什么是再生骨料？就是将建筑垃圾经过裂解、清洗、破碎、筛分、分级之后，根据一定的比例，生成骨料。它可被用作墙体材料以及预制构件。

建筑垃圾再生墙砖：目前我国明文规定不准使用黏土砖，为此，将建筑垃圾中的废弃砖瓦再次作为原料，能生产出建筑需要的墙砖。这种再生墙砖具有耐火、保温、隔音、抗冻等一系列性能。

建筑垃圾再生环保型砖块：用建筑垃圾生产的环保型砖块有着强度高、保温、容重小等优点。当前，这项技术已经在我国大力推广。

将稻谷壳废物再利用

稻谷的壳叫谷壳，也叫稻谷壳，就是稻谷外面的一层壳儿。稻谷壳中富含灰分、纤维素、二氧化硅等成分，其中，蛋白质、脂肪的含量相对较低。另外，稻谷壳有着低密度、韧性高、多孔性等特点。如何利用稻谷壳的优点，将它们回收利用是一个重要的问题。

我国是产生稻谷数量最多的国家之一，每年产生的稻谷壳有3000多万吨。早先，大部分的稻谷壳被人们当作垃圾处理，不仅污染了环境，还浪费了可利用资源。事实上，稻谷壳是一种丰富的资源，它可以用于食品工业、农业、化工、能源、建材产品、废物处理等方面。接下来，让我们一起了解一下稻谷壳的再利用吧！

稻谷壳在食品工业方面的再利用

稻谷壳在食品工业方面可用于制作单细胞蛋白、糖、压榨助剂。

用稻谷壳生成单细胞蛋白：将稻谷壳的水解液作为原料，在微生物发酵作用下，生成单细胞蛋白。

用稻谷壳制糖：将稻谷壳洗净并碾碎，随后加入水、麦芽浆等，经过煮、焖等方式，最终将稻谷壳浓缩为糖。

用稻谷壳制作压榨助剂：将稻谷壳洗净并加热，使其具备助滤作用,可用于非柑橘类的水果压榨助剂,提升果汁的产量。

稻谷壳在农业方面的再利用

稻谷壳在农业方面可用于制作肥料、杀虫剂、食用菌的培养料、饲料等。

用稻谷壳制作肥料:将稻谷壳膨化处理,加入一定比例的石灰水、尿素等,然后放置露天发酵,当它的颜色变为黑色时,肥料制作成功。

用稻谷壳制作杀虫剂:稻谷壳的灰分中富含二氧化硅,这种物质可扰乱昆虫的新陈代谢,进而杀死昆虫。

用稻谷壳制作食用菌的培养料:将稻谷壳膨化处理,取代木屑成为食用菌的培养料,大大缩短了食用菌的生长周期。

用稻谷壳制作饲料:将稻谷壳用碱或氨处理,发酵为饲料,并加入适量的米糠、碎米,它就变成了不错的喂牛的饲料。

稻谷壳在化工方面的再利用

稻谷壳在化工方面可用于制作硅胶、乙醇、活性炭等。

用稻谷壳制作硅胶:将用稻谷壳制作而成的水玻璃加入一定比例的硫酸中,一边加一边搅动,在此过程中会生成胶块,将胶块置于60℃~70℃进行烘干处理。随后,再对胶块冷却便得到了无色硅胶。

用稻谷壳制作乙醇:稻谷壳中富含纤维素,在洗净的稻谷壳中加入一定比例的硫酸后,经过高压分解后,再加水酵母进行发酵就可制成乙醇。

用稻谷壳制作活性炭:将稻谷壳在密闭的容器中高温干馏,随后加入一定浓度的纯碱及同等量的水进行煮沸,之后用冷水清洗到中性后,再进行加热对其烘干,然后对其除杂、粉碎、过筛,最终能制成活性炭。

稻谷壳在能源方面的再利用

将稻谷壳进行加热,然后将它们挤压成中央呈空心的棒状。此时的稻谷壳有着良好的燃烧性能。这种技术并不会改变稻谷壳的主要成分,如果能将稻谷壳制作成六棱形的棒状,其燃烧会更充分。另外,燃烧之后的炉灰是不错的钾肥，此肥料可用于种植果蔬、花草。

在湖北省京山市和钟祥市一带，稻谷壳稍做加工之后，竟然成了"宝"，究竟是怎么一回事呢？当地一家绿色能源公司将稻谷壳用于发电。在现场，只见一辆辆车将装载着的满满的稻谷壳，卸载到露天的地方。相关负责人介绍，这项用稻谷壳燃烧发电项目一期会使用12mW的发电机组，二期规模也不容小觑。这个项目一年大概能"吞"下20万吨的稻谷壳，可为当地的农民创造4000万元的价值。

在钟祥市，稻谷壳用作燃料，最后产生的谷壳灰售卖给砖厂，进一步制作地砖或耐火砖。

由上可见，将稻谷壳进行循环再利用，实现变废为宝，不仅有利于环保，还能带来不菲的效益。

稻谷壳在建材产品方面的再利用

稻谷壳在建材方面可用于制作无熟料水泥、水玻璃、纤维板等。

用稻谷壳制作无熟料水泥：将稻谷壳和石灰按照一定比例混合，随即将它们的混合物磨细，制成石灰无熟料水泥，也称为稻壳灰。

用稻谷壳制作水玻璃：在灰化炉中燃烧稻谷壳，当稻谷壳变成白色后取出，此时的稻谷壳称为糠灰。在糠灰内加入一定量的纯碱进行搅

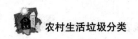

拌，随后加入反应炉中，当糠灰呈糠饴状时，将其取出进行冷却，最终形成了水玻璃。

用稻谷壳制作纤维板：将稻谷壳筛过之后，加入一定比例的水，在压力作用下形成了硬质纤维板。

稻谷壳在废物处理方面的再利用

稻谷壳在废物处理方面可用于制作废水处理剂、去污剂。

用稻谷壳制作废水处理剂：将稻谷壳烘干到灰中没有定型的硅，可以用于废水处理。

用稻谷壳制作去污剂：将稻谷壳灰、硼砂、三聚磷酸钠、烷基芳基磺酸盐以一定比例混合，将混合物进行研磨可去除机器上的油污。

农村废纸的循环再利用

在众多生活垃圾中，废纸的产量也不容小觑，在农村地区，随处可见被丢弃的废纸，不仅污染环境，还影响村庄的形象，如何实现废纸循环再利用是值得我们思考的问题。

全球约有1/5的木材用于造纸，而我国是耗纸消费的大国。随着我国消费水平的提升，各种纸质物品的生产量越来越大，同时，废纸的回收率也显著提升。事实上，废纸是一种宝贵的资源。

纸对于人类的意义和影响

纸的发明以及应用推动着人类文明的进步，纸不仅可以用于书写，还是印刷的理想材料。而且造纸产业的关联度强，它可以带动林业、印刷、包装等产业的发展。所以，造纸产业已然成为我国国民经济增长的重要力量。众所周知，造纸业是以木材、竹子等植物纤维以及废纸作为原料，它们可以取代一部分不可再生的资源，比如钢铁、塑料等，这是我国走可持续发展的重要支撑。

在这个信息时代中，信息的途径各式各样，但纸对于人类的作用丝毫未减。教材、报纸、图画等依然需要造纸业提供充足的纸张，这也造就了造纸业国民经济发展基础的地位。所以，判断一个国家现代化水平及文明程度的高低，可通过其纸张消费能力进行判断。

了解农村废纸的分类

根据废纸的来源以及特点，国内将农村废纸划分为以下六类。

旧报纸：这类废纸是由废旧的报纸组成。

纸袋纸废纸和牛皮废纸：这类废纸包括废弃的牛皮纸袋、牛皮纸废纸、破水泥纸袋等。

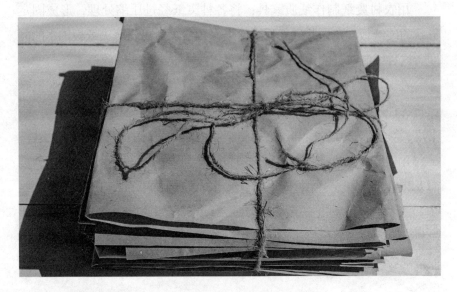

白色废纸：这类废纸是指没有印刷的白纸。

纸箱和纸板废纸：这类废纸是由旧的瓦楞纸箱、各种废纸盒、牛皮纸板等组成。

书籍和杂志废纸：这类废纸指废弃的书籍、刊物等。

混合废纸：这类废纸包括传票、办公室废纸、学生练习本等。

农村废纸的资源化

将农村废纸资源化，不仅顺应了环境、资源保护，也顺应了世界绿色发展潮流。农村废纸可用于制作包装容器、隔热和隔音材料、除油材料、纸质家具，生产乳酸，发电，等等。

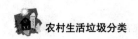

用农村废纸制作包装容器：以废纸作为原材料，制作成埋纱包装纸袋。这种纸袋可用于生活领域，如取款袋、购物袋等。

用农村废纸制作隔热和隔音材料：废纸有着较好的隔热、隔音性能，其成本低，利用相关技术制成隔热、隔音材料，不仅节约资源，还能变废为宝。

用农村废纸制作除油材料：将废纸溶于水中，将纤维从中分离。随后，在其中加入硫酸铝，经过碎解、干燥等操作后，即可成为除油材料。

用农村废纸制作纸质家具：将各种废纸经过压缩处理，形成固定形状的硬纸板。在这些硬纸板上涂上保护漆，就可以解决纸板怕水的问题。这种纸制家具的优点是质地轻盈，成本低，易于回收。

在某个村庄废纸加工厂中，场地内堆放着各种废纸，工人们忙碌着将各种废纸经过切割等技术，进一步制作成各式各样的家具，有灯罩、书桌、凳子等。这些都是利用废旧报纸压缩而成，它们有着很好的防火性。

用农村废纸生产乳酸：以废旧报纸作为原材料，采用生物技术，进而发酵生成乳酸。这种技术成本低廉，生成的乳酸可用于药物、食品生产。

用农村废纸发电：将大量废纸经过烘干压缩之后，会变成一种固体燃料。将这些固体燃料置于压锅炉内进行燃烧，会产生大量的蒸汽，进而推动着汽轮发电机工作。而且，在此过程中产生的多余热量还可用于供热。

农村废金属的回收再利用

在农村的道路两旁，总能看到各种收废金属的牌子。当然，也有一些生意人会骑车在各个村庄收各种废金属。不少农民从售卖的废金属中收获一笔钱，供日常的开销。

什么是废金属？它指金属在加工过程中的金属碎片、碎屑以及报废的金属制品等。事实上，废金属并不"废"，它们本身属于一种资源。世界各地都有专门回收废金属的行业。被回收的废金属会再次进入冶炼炉进而制成可再生金属。

了解废金属的分类

从材料上划分，废金属可分为有色金属和黑色金属。

有色金属指铜、铝等。这种金属的经济效益极高，即每1千克的废铝可节约4千克的化学产品、14度的电能、8千克的矾。将废铝处理之后，和新制的铝有着同等的价值。

黑色金属指钢和铁。生活中大部分的钢都需要从废钢中再次加工获得。另外，用废钢生产钢比从铁矿中生产成本低很多。事实上，废钢利用价值的高低在于其使用寿命的长短。一般饮料罐的使用寿命只有几个星期，房屋建筑等需要一个世纪。

废铜的回收再利用

在众多金属中，废铜的再生性能最佳。由于废铜的种类较多，其回收技术也各不相同。一般，人们会将废铜进行预处理和再生利用。

什么是预处理？预处理就是对有杂质的废铜加以挑拣、分类，进一步提炼纯铜，最终为熔炼提供原料。

废铜的再生利用，方法可大致分为直接利用和间接利用。直接利用是将含量较高的废铜经过熔炼，生成精铜或铜合金。间接利用是通过冶炼去除废铜中的杂质，经过电解后生成电解铜。

间接利用又可以划分为三种方法，分别是一段法、二段法、三段法。

一段法：指将杂铜投入阳极炉中，经过电解，生成电解铜。这种废铜利用法的优点是成本低，缺点是金属回收率低下。

二段法：将废杂铜投于鼓风炉中，提炼出粗铜。然后将粗铜置于反射炉内，进一步提炼，最终生成阳极铜。

三段法：将杂铜投入鼓风炉中，炼制出黑铜，随后将黑铜投入转炉中，这时会生成次粗铜。将次粗铜再投掷到阳极炉中，在电解作用下炼成电解铜。这种废铜利用法的优点是废铜提炼度高，缺点是过程复杂、成本高。

废铝的回收再利用

当前，人类使用铝的数量仅次于钢铁。铝的使用范围较广，几乎在各行各业都能看到铝的踪影。当然，正因为铝的投入量高，所以，产生的废铝量也随之增加。很多铝制品为一次性使用，这也造成了铝制品对环境的污染。如何实现废铝的回收再利用，对于人们的利益、生态环保等有着重大意义。目前，废铝的再生技术有：再生铝合金、废铝料备制、废铝配料。

再生铝合金：在满足符合合金材料的稳定化学成分的基础上，进一步使用压力加工等工艺。不过，只有部分的废铝可用于制作变形铝合金，大部分用于制作铝合金。

废铝料备制：将废铝进行分拣堆放，去除混合料的铝制品中的非铝部分，再对剩余的废铝进一步加工制成废铝料。

废铝配料：结合废铝质量等因素，计算各类料的用量。需要注意的是，配料要考虑金属的氧化烧损程度，相比其他金属，镁的氧化烧损较大。另外，不同的合金的烧损率需采用实验逐步确定。另外，废铝料的物理特性、清洁度等直接影响到再生成品的品质。

废钢的回收再利用

我们以废旧钢桶和废钢渣的回收再利用技术展开详细介绍。

废旧钢桶的回收再利用的方法包括将废旧钢桶经过清洗、整形、涂漆等工艺。即将废旧钢桶翻新，继续投入市场中使用；将废旧钢桶熔化，进一步铸造成钢锭；改变废旧钢桶原有的用途，将它们改造成其他产品。

将废旧钢桶翻新：废旧钢桶的翻新主要使用清洗、脱漆、再涂装等工艺。这种再利用方法的弊端是，依然会产生"三废"。

某村庄有一家包装容器有限公司，他们主要负责生产再生钢桶。他们使用一项钢桶环保绿色可循环的技术，将废旧钢桶通过清洗、脱水烘干等工序，实现了废旧钢桶的循环使用。在此过程中产生的污水也会经过专业的处理，其中污染物会大大减少，可达到一般的生活污水排放标准，避免翻新废旧钢桶对环境造成再次污染。

将废旧钢桶熔化成钢锭：以废旧钢桶为原料，进一步熔化为钢锭。在此过程中，钢的强度并不会有任何损失。

将废旧钢桶改造成其他产品：将废旧钢桶拆开展平，以冲压等工艺制作成其他产品。在使用这项回收再利用技术的过程中需要注意"三废"，避免对环境造成严重污染。

将废钢渣制成建筑材料：钢渣中富含各种活性矿物质，比如硅酸二钙、硅酸三钙等，它可以作为无熟料的原料。

废铁的回收再利用

废铁回收之后会经过磁选、清洗、预热等工艺。

磁选：利用磁选分出铁基金属。一般磁选采用电磁体或永磁体两种方式。

清洗：用化学溶剂等清洗废铁表面的铁锈、污渍等。

预热：用火焰直接烘烤轻薄的废铁，将废铁中的油脂、水分烧掉后，再将其投放到钢炉中。

农村废旧塑料不再"废"

废旧塑料指人们在生活、工业等用途中，被淘汰的塑料的统称。你知道吗？废旧塑料十分难降解，大概需要几百年，甚至几千年才能腐烂。这也是我们为什么会提倡减少塑料制品使用的缘由。

塑料是由高分子化合物组成。由于不同的塑料成分各异，不同产品需进行不同处理，所以塑料的回收率并不高。每年我国会制造几千万吨的塑料制品，但回收率却只有几百万吨。另外，我国是当前世界上使用塑料制品最多的国家，所以，塑料对我国环境污染也是最大的。

废旧塑料有哪些种类

常见的废旧塑料包括PA、PP、PU、PE、PVC等，其中PP常用于制作捆扎绳、编织袋等，PE 常用来制作塑料大棚料、乳酸饮料的瓶子等，PVC 则用于制作塑料门窗等。那么，这些废旧塑料的特点都有哪些呢？

PA：又称为尼龙，它有着高强度、耐磨等优点，缺点是不宜暴晒，否则会出现断裂、性能改变等问题。主要用于制作脚轮、脚垫等。

PP：又称为聚丙烯，它易燃，有良好的热塑性。主要用于制作医疗器械、化工容器等。

PU：又称为聚氨酯，是一种高分子材料，被誉为"第五大塑料"。主要用于制作座椅扶手、冰箱的保温层、地板漆等。

PE：包括三类，分别是线型低密度聚乙烯、高密度聚乙烯、高压低密度聚乙烯。它们有着耐低温特性，化学性质稳定，可耐各种酸碱腐蚀等优点。主要用于制作薄膜加工，也会作为吹塑制品、电缆绝缘的材料。

PVC：又称为聚氯乙烯，它有着较好的机械性能、介电性能。主要用于制作人造革、地板砖、包装膜、发泡材料等。

废旧塑料的分离和清洗技术

废旧塑料的回收再利用离不开分离和清洗技术，接下来，我们将围绕这两种技术展开详细介绍。

废旧塑料的分离技术包括人工分离、电选分离法、光学分离、溶解分离、重力分离法、熔点分离。

人工分离：这是一种相对简单的分离法。操作人员以废旧塑料的颜色、透明度等作为指标，从而对废旧塑料加以分类。

电选分离法：不同塑料制品的表面在接触运动后，会出现电荷交换，如此一来，一种塑料制品就会带正电，另一种塑料制品就会带负电。

光学分离：不同塑料制品对红外光谱存在差异性，可以利用光分离机识别不同塑料的透明度、颜色等，进而将不同塑料以及塑料和杂质进行分离。

溶解分离：由于不同塑料制品的溶解温度各不相同，可以使用某种溶剂对不同塑料进行分离溶解。

重力分离法：又称浮沉分离法，这种分离法是利用不同废旧塑料的密度不同，对其进行分离。

熔点分离：利用不同塑料的塑化温度差异悬殊，对其进行分离。

废旧塑料需要经过清洗才能用于再利用技术，这种清洗技术包括传统清洗技术、新型清洗方法。

传统清洗技术：它包括手工清洗和机械清洗。它们又分为不同的工艺流程，适合清洗不同种类的塑料制品。

新型清洗方法：它包括超声波清洗、干法清洁。这种清洗技术可以有效避免二次污染和水资源浪费。

村民韩某在乡镇中开了一家废旧塑料收购厂，他不仅收购废旧塑料，还会对废旧塑料进行无水清洗，进而再售卖给需要的厂家。他采用"烘干—无介质清洗"的方法，将无油性硬度较高的废旧塑料加以粉碎、烘干。烘干会使得废旧塑料的黏性、吸附力降低。在无介质清洗装置中，利用搅拌桨搅拌塑料片使得它们彼此发生碰撞，再次使得部分附着物脱落。当然，如果使用隔网以及塑料片分离，效果会更好。韩某以

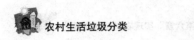

此实现了废旧塑料的再利用,在为保护环境做贡献的同时,也为自己增加了效益。

当然,对于农村废塑料的处理技术需结合当地实际情况进行,对比技术和经济,用最合适的技术处理,从而达到经济和环境的双重效益。

废旧塑料的回收再利用技术

废旧塑料的回收再利用技术包括:改性再利用法、化学分解方法、燃料热能利用技术、物理法。

改性再利用法:指利用物理或化学方式,改变废旧塑料的性能,进一步将改性的废旧塑料制作成新的产品。这种方法包括三种方式:物理改性、化学改性、物理化学改性。不过,这种技术制作工艺复杂,需要投入大量成本和设施。

化学分解方法:通过某种化学手段,破坏废旧塑料内部的聚合物分子间的作用链,并从中提炼石油化工所需的原料。由于降解反应条件以及降解剂种类各不相同,化学分解方法又可分为氨解法、水解法等。

燃料热能利用技术:由于废旧塑料在燃烧过程中会释放大量的热能。因此,将废旧塑料用于高炉,从而取代重油等燃料。不过,由于这项技术成本投入较高,一般只有发达国家或地区才会采用。

物理法:这项技术的工艺相对简单,在不改变废旧塑料性能的基础上,对废旧塑料进行分拣、清洗、熔融等工序,进而加工成新的塑料制品。

柑橘皮全身都是宝

走进种植柑橘树的乡间小路,只见一簇簇小花竞相开放。一股幽兰般的清香弥漫在柑橘林间、飘进周边的农户家中。等到金秋十月,黄澄澄的果子挂满整个柑橘树,从远处望去,柑橘树林犹如挂满了小小灯笼。

提起柑橘,我们一点都不陌生,每次吃掉柑橘肉后,柑橘皮就会被我们扔掉。尤其是在柑橘丰收的季节中，不少商贩会拉着柑橘为行人榨柑橘汁，不少柑橘废弃物被丢在一旁的篓子里。

一个柑橘，新鲜的汁液占54%，皮、籽粒、浆占46%，由此可见，柑橘废弃物又是农业的另一大废弃物。不过，柑橘废弃物的优势明显，一方面它的产量大，另一方面场地相对集中，来源广泛。只要对柑橘废弃物加以回收利用，依然可以为农户创造价值。

用柑橘皮制作陈皮

用柑橘皮制作而成的陈皮可以售卖给中药店或者茶叶店。将晒干的陈皮泡一壶茶，对消化不良、痰多咳嗽有不错的疗效。由此可见，小小的陈皮一点都不简单。

优质的陈皮都要经过专业的制作程序才能完成，比如说，风干时间至少要在一年以上。广东新会陈皮十分有名，那里制作陈皮的工序十分复杂，陈皮至少要存放三年以上。而且，存放的时间越长，陈皮的香味才会更浓郁，这也是新会陈皮有名的原因。

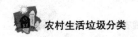

在新会柑橘成熟后，有人竟然不要柑橘肉，只要柑橘皮。听到这里，你是不是感到奇怪呢？在广东新会种植一种叫作大红柑的柑橘，这种柑橘皮中有一种叫作香包素的物质。当地人种植这种大红柑并不是为了吃柑橘肉，而是为了得到陈皮。将这种柑橘皮晾干并放置三年之后，就制成了陈皮。而且，这种陈皮存放的时间越长，质量就会越好，售价也会越高。

大红柑种植户陈伯说："陈皮很特别，存放的时间越长，它的香味会越浓郁。"在当地，新会 3 年的陈皮每斤售卖价在 60~80 元，30 年以上的陈皮每斤售价在 2000 元以上。当然，随着陈皮年头越久，陈皮的价格则越高。所以，大红柑的市场非常好，不少经销商会从当地购买大量大红柑，然后回去自己剥皮加工陈皮。当地农民则主要以种植大红柑为主。

那么，新会陈皮制作的工艺是怎样的呢？将成熟的果皮开成三片状，将它们晒干或烘干，陈化三年以上。需要注意的是，工人开皮时一定要采取三刀法或两刀法，确保整个果皮的完整性。开皮后的柑橘皮需要阴干 4~5 小时，确保水分蒸发。果皮水分蒸发后，需要反皮，将柑橘皮逐个撕成一片一片的。反皮之后，再将柑橘皮放到太阳下暴晒，新会陈皮是通过天然生晒制作而成。柑橘皮晒干后会被装入可通风的包装容器中，比如麻袋等，随机将打包的陈皮放置仓库，让它们一年四季陈化。由于，每年的 2~5 月十分潮湿，仓库门会紧闭，每袋柑橘皮也会被扎紧，可有效防潮。每年的 6~11 月份，柑橘皮会被再次拿出仓库，在太阳底下暴晒，每天暴晒 5~6 小时。如此反复三年，柑橘皮表皮颜色就会改变，香味四溢。

从柑橘皮中提炼有用物质

柑橘皮中有很多有益的成分，人们可以从中提炼果胶、香精油、色素等。

从柑橘皮中提炼果胶：柑橘皮中的果胶大概有 20%，人们利用盐沉淀法或醇沉淀法就可以提炼出果胶。由于果胶有着良好的黏结作用，被人们广泛用于香料、食品行业。

从柑橘皮中提炼香精油：以二氧化碳作为溶剂，使用超临界法萃取柑橘精油。当然，提炼香精油的方法还有蒸馏、浸提法、冷榨等。平时，香油精会被用于空气清新剂、蛋糕等产品中，有些香精油还用于杀菌剂。

从柑橘皮中提炼色素：柑橘皮的主要成分是胡萝卜素和类胡萝卜素，从柑橘皮中提炼的这些色素可用于食品添加，从而提升食品的营养价值。

将柑橘皮制成水处理吸附剂

用柑橘皮制作成的水处理吸附剂可用于处理含镍废水、处理染料废水。

用水处理吸附剂处理含镍废水：将新鲜的柑橘皮烘干、粉碎，用二次蒸馏水清洗柑橘皮表层的黏稠物，再放入烘箱中烘干，一天之后取出并粉碎即可作为吸附剂。将柑橘皮的粉末放入含镍废水中可有效吸附镍。

用水处理吸附剂处理染料废水：将柑橘皮切碎，并置于太阳底下暴晒，再经过粉碎、过筛便可制成吸附剂。它能有效吸附食品染色、化妆品等中的染料。

柑橘皮还可以用于其他方面

将柑橘皮废弃物用作生产沼气、有机肥，还可以利用微生物发酵，研发乳酸饮料、培育食用菌、生产适合牛等牲畜的高蛋白饲料等。

甘蔗渣不"渣"，反而"火"

每逢甘蔗上市后，在农村集市中，不少孩子们围着小商贩，买上几节甘蔗，然后兴致勃勃地咀嚼着甘蔗，在他们身边零零星星地吐出了甘蔗渣。当然，对于非种植甘蔗的村庄，这些甘蔗无法掀起大浪。可是，如果是在甘蔗种植地呢？人们要如何处理当地的甘蔗渣呢？

甘蔗渣质地相对粗硬，每生产1吨的蔗糖，则能生产出2~3吨的甘蔗渣。从甘蔗渣的成分上来看，它富含纤维素，是纤维原料的不错选择。所以，甘蔗渣也是一种不错的资源。那么，甘蔗渣到底该如何实现再利用呢？

利用甘蔗渣制作环保餐具

每年我国会消耗大量的一次性塑料餐具，比如，一次性餐盒、一次性杯子等。大量一次性餐具的使用造成了不容小觑的垃圾污染。因此，生产符合环保要求的纸质餐具替代塑料餐具迫在眉睫。如今，我国已经开始用甘蔗渣作为原料生产可以降解的纸质餐具。

在广西很多地区都利用甘蔗渣生产纸、纸碗等。在广西某地有一家生产环保纸碗的企业，他们的工厂主要生产冰激凌杯、方便面碗、便当盒、牛奶杯等。他们使用的原材料正是当地的废物垃圾——甘蔗渣。他们将原本是废弃物的甘蔗渣通过相关技术，制造出纸碗等各种产品，实现了甘蔗渣的资源化。

用甘蔗渣制作一次性餐具，一方面不会危害人体健康，另一方面这种一次性餐具容易降解，极大降低了对环境的危害程度。

利用甘蔗渣生产纸

如今甘蔗渣早已成为生产纸的重要原料。甘蔗渣制浆的方法有亚硫酸镁盐法、中性和碱性亚硫酸盐法、机械法、化学机械法等。那么，用甘蔗渣生产纸有哪些好处呢？

首先，它属于草类纤维，容易煮、容易漂，使用的化学品较少。其次，甘蔗渣生产纸的成本低廉，有着良好的社会、经济效益。最后，当前我国利用甘蔗渣生产纸的水平已很先进，可以生产各种生活用纸，比如，书写纸、包装纸、餐巾纸等。

在广西某地，一家工厂正在利用甘蔗渣制作高档生活用纸，甘蔗渣变废为宝成为现实。一名员工说："我国大部分的甘蔗渣都被当作燃料烧掉，实在可惜，如果将那些甘蔗渣放到我们厂子中，将会产生很大的利益。"

事实上,这家工厂用甘蔗渣生产纸并非主业,他们主要是利用甘蔗制糖,最后才将甘蔗渣再次利用生产纸,从而做到对甘蔗百分之百的利用率,大大提升了工厂的利润率。

甘蔗渣中含有的纤维素30%~40%,是一种不错的制浆造纸的原料,如今,它们早已被广西当地的企业广泛用于造纸。

利用甘蔗渣制作成人造板

将甘蔗渣制作成人造板是最直接的途径。通常,一米的人造板需要3米的原木,现如今人们利用甘蔗渣制作人造板,大概3吨的甘蔗渣可以制成1吨的人造板。每年广西会用大量的甘蔗渣制成人造板,节约大量木材资源,简而言之,用甘蔗渣替代木材,人类将会大大减少对森林的砍伐。用甘蔗渣制作而成的人造板被广泛用于家用电器、家具、房屋装修等。

利用甘蔗渣制作吸附材料

甘蔗渣可用于制作活性炭、重金属离子吸附剂。

用甘蔗渣制作活性炭:甘蔗渣中富含有机质,可利用它制作活性炭。人们将甘蔗渣放置到酸性物质中浸泡,在600℃~700℃下进行炭化,最后制成活性炭。这种活性炭可用于处理农村垃圾渗滤液,能很好地去除腐殖酸。

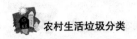

用甘蔗渣制作重金属离子吸附剂：众所周知，重金属对水质有严重的污染性，虽然人们可以利用沉积、膜过滤、电离等方法处理重金属离子，可是这些工艺的成本太高。而甘蔗渣经过改性后便可制成重金属离子吸附剂，可有效处理这些重金属废水带来的污染问题。

甘蔗渣的其他用途

除上述用途外，甘蔗渣还可以用于制作饲料、纤维板、新闻纸、草酸、木糖醇、膳食纤维、酱油、纤维素防水膜、紫丁香醛、香兰素，以及养殖蘑菇等。

实现垃圾资源化需多措并用

有人说垃圾是放错位置的财富，将垃圾资源化，无疑是化腐朽为神奇，这不仅是科学，也是艺术。那么，如何将垃圾资源化的举措一站到底呢？我们又能做些什么呢？

实现垃圾资源化是一件功在当代，利在千秋的好事。可是，垃圾资源化真正执行起来却是一个十分艰难的过程。想要实现这个目标，就要从多方面、多角度出谋划策，使得垃圾资源化不再停留于形式，而成为一件实实在在的事。

大力宣传垃圾资源化

想要解决垃圾问题，需要从根本上入手，让人们真正意识到人类和自然之间互相依存的关联。农村的相关部门应积极宣传垃圾资源化对于人们以及自然的益处，这是提升群众思想的前提工作。在具体实施过程中，可以借助不同的宣传媒体，广泛推行垃圾资源化的意义。同时要结合我国生态环境的现状，让群众树立忧患意识、责任意识。

建立可持续发展机制

积极吸取国外良好的垃圾分类经验，在农村建立从源头上对垃圾分类、垃圾资源化利用的机制。鼓励广大的村民积极参与其中，因为没有村民参加，也就无法从根本上实现垃圾分类。可以采取奖励的方式，让农民积极参与其中。另外，还可以积极引进市场机制，实现经营权招标。

某村庄最近成立了供销社合作社，这一合作社成了再生资源回收利用的主力军。它充分发挥了供销合作社传统的再生资源经营网络以及管理经验，利用现有的网络，结合城乡发展规划，实现了"三点一线"。"三点"指利用现有的回收网点，从而实现统一管理；建立合理的交易集散市场；开拓以再生工业原料为主的领域。"一线"指构成以回收、到加工、再到综合利用的再生资源产业链，构建再生资源回收利用网。

建设更多可持续的发展机制，才能更好地推动垃圾处理的进程，这需要更多的人参与其中。

实现科学规划循环经济

物质平衡理论说，只有从根本上提升人们对物质和能量的利用率及使用率，才能真正降低人类对自然环境的污染。为此，我们要严格要求农民必须将建设资源节约型、环境友好型的现代化发展战略放在首要位置。从资源的循环利用出发，进而实现经济的可循环发展。

在循环经济理念看来，农村生活垃圾是一种潜在的资源，如果村民从源头上对垃圾进行分类，这于实现垃圾的资源化利用是极大的一步。因为家庭是垃圾产生的最小单位，也是垃圾分类以及资源化的基础力量。

对于经济条件相对较好的村庄，可以鼓励村民利用厨余垃圾制造沼气，将剩余的沼渣、沼液等可作为庭院种植中的有机肥料。当然，如果经济条件较弱的村庄无法建立沼气池，可由村委会统一规划。另外，村中的渣土、炉灰可用于铺路、造地等。当然，如果村级无法解决垃圾的资源化问题，可由乡镇或区县统一规划利用。

明确各个层级的责任

实现农村生活垃圾从源头上分类、实现垃圾资源化，这些都需要由政府以及村级干部统一执行。充分发挥村级领导的组织、领导作用，明确各个层级的责任。市、区领导需负责制定相关政策并发放相关资金投入；乡镇领导则需制订规划，对村级干部进行培训，进一步督促村级工作的展开；村级干部需积极发挥领导干部的带头作用，以领导干部包片等措施，通过以身作则实现各层下达。

统一组织并形成规模

相关经验表明，想要实现农村生活垃圾从源头分类、垃圾的资源化是一件高难度的工作，它是一件系统性的工作，只有实行面足够大，效果才会足够明显。以现有事例说明，在同一个村子，只有一部分人执行垃圾分类及垃圾资源化，而另一部分人不执行，那么，垃圾处理这件事情就会变得难以持续，还会影响那些积极进行垃圾处理的农户。这也是城市执行垃圾处理缓慢的根本原因。为此，农村在处理垃圾的问题上需要以村为单位进行组织，必要时可以乡镇为单位，不仅可以降低成本，还能收获显著的规模效益。

城乡统筹落实相应制度

从城乡统筹的高度制定相应的法律法规，将其覆盖城市、农村。其包括三个属性：其一，规范性。从减量化角度出发，严格制定包装法，禁止奢华包装。其二，强制性。农村生活中产生的大量饮料瓶等，相应厂家必须收回，另外，厂家不能生产没有得到国家批准的一次性商品。其三，引导性。以奖励的方式鼓励农村践行净菜上市，以纳税优惠的方式鼓励工业实现包装回收利用，在投资方面，加大对农村垃圾处理方面的投入。

第七章
国内农村生活垃圾处理模式

当前,我国农村类型相对复杂,有城中村、城郊村、远郊村、工业村、纯农业村、多元产业村等。通常,经济相对发达的农村生活垃圾处理模式相对完善、成熟,村貌相对整洁。经济相对落后的农村生活垃圾处理模式相对低下,并存在一系列环境等问题。本章将对国内各地农村生活垃圾处理模式进行详细介绍。

广东农村生活垃圾处理模式

很早以前,广东农村垃圾管理滞后,村镇基本没有建立垃圾收集点、转运站,县级垃圾处理缓慢,当地的垃圾"靠风刮",垃圾围村现象严重。那么,如今的广东农村生活垃圾如何处理呢?

随着我国经济的发展,农村的面貌也发生了翻天覆地的改变。农民的生活越来越富有,他们对生活环境也有更高的要求。近些年,我国已经对部分农村地区实行了生活垃圾无害化处理,从而改善农村环境。接下来,我们先了解一下广东农村生活垃圾处理模式。

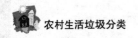

粤东某市农村生活垃圾处理现状

我们针对粤东的城东镇谢田村、城东镇石月村的农村生活垃圾处理现状展开研究。这两个村的垃圾处理模式基本是上门收集、再由区或镇中转到市垃圾填埋场进行填埋。也就是说,粤东某市农村的生活垃圾处理模式为收集、转运。详细情况如下:

城东镇谢田村:这个村庄常住人口有一千多人,一共有几百户人家,共划分为8个村小组。村中雇用1个保洁员专门负责去各家各户收集垃圾。这些垃圾会被堆放在村庄的4个垃圾池中。垃圾池装满之后,村庄会雇用汽车将垃圾池中的垃圾运往所属县城的填埋场填埋。该村每个月需要雇用8次,运输一车垃圾的费用是350元。保洁员每月的工资是1200元。为此,该村每月会向每户征收3元的生活垃圾处理费。简而言之,该村的生活垃圾处理模式是:村民的生活垃圾→村中的垃圾池→县填埋场。

城东镇石月村:这个村庄的常住人口有一千多人,有几百户人家。每天村中会有一个保洁员骑着三轮车上门收垃圾,他1~2天会上门收垃圾,这些垃圾最后会被运往当地所属县城垃圾中转站。该村每户每月需要交6元作为生活垃圾处理费。该村的生活垃圾处理模式是:村民的生活垃圾→县垃圾中转站→垃圾填埋场。

粤西某市农村生活垃圾处理现状

我们针对粤西的麻章镇赤岭村委会三佰洋上村、城月镇陈家村委会陈家村、石城镇铜锣涌村委会十字路村的生活垃圾处理现状展开叙写。这三个村庄处理生活垃圾主要将投掷在村垃圾池或垃圾桶中的垃圾焚烧后就地填埋。

麻章镇赤岭村委会三佰洋上村在村内摆放着多个垃圾桶,村民会将自家生活垃圾投到垃圾桶中,区环卫部门会定时到村内收集垃圾。

每天清晨,李红起床简单洗漱之后,将扫把、钳子等清理工具放到垃圾车内。她骑着垃圾车来到村中各个小路上,一边清扫道路上的垃圾,一边倾倒村民门口的垃圾桶。她每天会用3个小时清理完整个村子中的垃圾。她说:"我每天的任务就是将道路上的垃圾,以及村民家门口的垃圾运送到村收集点。镇上的转运车再将这些垃圾运走。"村委为每家每户都分发了一个垃圾桶,这些垃圾桶摆放在各家家门口,村内的保洁员会将各户垃圾收集到村垃圾集中点,等待镇垃圾转运车运走。

在城月镇陈家村委会陈家村的环村路上一共有9个垃圾池,当地的村民会将生活垃圾投到那里。每逢垃圾池满后,会有专人负责清理,这些垃圾会被运输到固定的地方,或堆积或填埋。

石城镇铜锣涌村委会十字路村的生活垃圾处理相对规范,这个村庄对生活垃圾的处理完全按照建设新农村的标准执行,各家各户的生活垃圾会先进行分类,然后送往村内指定地点投放。

粤北某市农村生活垃圾处理现状

对于粤北农村生活垃圾处理模式的调查,我们主要对沈所镇以及董塘镇进行说明。

沈所镇一共有11个村,每个村都建有垃圾池,每天拖拉机会对每个村庄清运一次,这些垃圾会被运往县垃圾转运站,当县垃圾转运站垃圾堆满后,则会统一运往县简易垃圾填埋场进行填埋。该镇的生活垃圾处理模

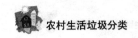

式是：村民的生活垃圾→村内垃圾池→县垃圾转运站→县简易垃圾填埋场。

董塘镇一共有32个村，每个村庄都设有垃圾桶。每天会有垃圾运输车将各村垃圾清运到镇的简易垃圾填埋场。当然，有部分村子需要自行处理村中的垃圾。每个村都有相应的保洁人员，他们会负责清理村内的垃圾。当地的村民不需要缴纳垃圾处理费。所有的垃圾费由董塘镇统一缴纳。该镇的生活垃圾处理模式是：村收集→镇的简易垃圾填埋场。

通过对广东农村生活垃圾处理模式的研究发现，那里的生活垃圾处理模式有以下三类：第一类模式是村内收集、村内简易填埋处理；第二类模式是村内收集、镇转运、县内处理；第三类模式是无收集、无处理。

总之，广东的农村生活垃圾处理最终会被收入城镇卫生填埋场或焚烧厂。相比之下，广东的农村生活垃圾还需从源头上实现垃圾的分类、减量化、无害化处理，需要相关部门予以重视。

黑龙江农村生活垃圾处理模式

建设新农村需要从源头上处理农村生活垃圾，在当前，部分农村生活垃圾处理依然处于空白。比如，黑龙江大部分农村地区。为此，黑龙江相关部门加大力度监管当地农村生活垃圾处理模式。

在人们的日常生活中，不可避免会产生大量生活垃圾。这些生活垃圾需要及时处理，不然会影响人们的日常生活，甚至威胁人们的身体健康。黑龙江从2018年开始推进生活垃圾分类，如今，黑龙江农村生活垃圾处理的状况如何呢？

黑龙江农村生活垃圾的特征

整体来说，黑龙江的生活垃圾呈增长趋势，农村生活垃圾主要划分为四类，包括可回收利用垃圾、有机垃圾、无机垃圾、有害垃圾。如果对这四类垃圾进行细分，又可分为玻璃类、竹木类、纸类、厨余类、金属类及其他类。对黑龙江和全国农村生活垃圾对比发现，全国的生活垃圾主要以厨余垃圾为主,其次是灰土,而黑龙江主要以灰土为主,其次是厨余垃圾。

黑龙江生活垃圾处理存在的困难

由于黑龙江的生活垃圾产量大、成分复杂,且该地区村庄分布较远,以至于生活垃圾相对分散,垃圾收运工作困难重重。当前,黑龙江大部分农村采取末端治理。另外,由于黑龙江地区气候寒冷,我国当前的垃圾处理技术并不适合在该地区大范围推广。在低温环境下,黑龙江地区的农民在冬季产生的生活垃圾很容易被冻成一体,导致当地村民无法实施生活垃圾从源头分类,这也大大增加了后期垃圾收集和处理的难度。除此之外,黑龙江的部分农村经济发展缓慢,当地并没有采用任何垃圾处理技术及措施。

黑龙江部分农村生活垃圾处理模式

我们以黑龙江某县的范张镇和杨黄陶乡的生活垃圾处理模式展开叙述。

归属范张镇的复兴屯和城郊村的村民会将各家产生的生活垃圾装袋并放置在道路旁,镇环卫会沿着村路将垃圾装入车内。当地垃圾收集的时间是每周的周一、周三、周五。这些垃圾会被运往范张镇的简易垃圾填埋场。附近其他村民则将各家产生的垃圾自行处理,他们没有统一的垃圾处理模式,会将生活垃圾随意丢弃在路旁或河边。

走进范张镇的某村庄,只见那里空气清新、水泥路一尘不染,每个农家小院都十分干净。当地的百姓在广场上扭着大秧歌,他们一个个脸上洋溢着笑容。当地建立了长效机制,即垃圾日产日清,并且还建立了生活垃圾村收集、镇转运、县处理模式。这也是当地村貌整洁的原因。另外,村民根据年龄、性别差异,一共组建了3支志愿队伍,分别是老年协会、巾帼妇女、少年儿童团。他们在村内维护村卫生,从而获得积分,这些积分可以在小卖铺买东西,在这种机制的激励下,当地村民的积极性特别高,村里也变得干净起来,村民也养成了良好的卫生习惯。

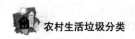农村生活垃圾分类

杨黄陶乡管制的村庄的生活垃圾状况正处于"三无"状态，即无收集、无转运、无处理。这些村庄内没有摆放垃圾桶，也没有建立垃圾池等垃圾处理设施。各家各户将产生的生活垃圾肆意倾倒。

从黑龙江整个农村生活垃圾处理模式来看，基本上处于"三无"状态。不过，在"十二五"期间，黑龙江省以及国家住建部都要求每个县城建设卫生垃圾填埋场，从而实现完全消纳村镇垃圾。为此，黑龙江相关部门不仅加大了对农村生活垃圾处理的投资力度，并给予必要的技术指导。

黑龙江农村生活垃圾处理的建议

如今南方已经建立了农村生活垃圾分类收集处理试点，他们按照"户分类—村收集—镇转运—县处理"的模式，黑龙江农村也可效仿这种模式，村民可以将生活垃圾分类堆放，然后以村为单位，将垃圾运送到乡镇垃圾中转站，乡镇相关负责人再将垃圾运输到当地的县城进行无害化处理。另外，黑龙江农村的相关部门应不断提升村民的环保意识，让村民积极做到从源头对生活垃圾进行分类，同时，各级政府也应多加强对当地农村生活垃圾处理的投资及管理，逐步完善黑龙江农村生活垃圾处理的配套设施。

四川农村生活垃圾处理模式

随着农村经济的快速发展，大量垃圾也随之产生，伴随而来的农村生活垃圾分类也走进了每家每户。那么，四川省农村对生活垃圾是如何处理的呢？

四川省一直致力开展农村生活垃圾处理，切实改善农村生活环境。他们针对四川省农村的实情，展开更适合当地生活垃圾处理的模式。

四川部分农村生活垃圾处理模式

目前四川对大部分的农村生活垃圾处理建立了"村收集、乡（镇）运输、县处理"的机制。部分农村已经做到了垃圾处理的减量化、资源

化、无害化。接下来，我们针对四川省某县所属的村庄的生活垃圾处理模式展开详细介绍。

此县针对当地农村生活垃圾处理模式以"节约、实用、可持续"为建设原则，以"因地制宜、垃圾减量、市场运作"为方式，着力解决当地农村生活垃圾分类难、减量难等问题。当前已经取得很好的效果。那么，这个县的农村生活垃圾处理模式到底是怎样的呢？

因地制宜：现在某县的大部分农村根据道路以及农户分布状况，遵守"方便农民、大小适宜"为原则，每3~15户人家之间就会修建垃圾池。每1~3组的中心位置会建立一个分类减量池。村收集站建在村道旁。当地的村收集站会将垃圾直接转运到县进行处理。

垃圾减量：某县印发了关于农村生活垃圾分类的宣传画，每家每户都有分发，意在指导当地的百姓对垃圾进行正确分类。另外，县政府对所管辖的农户提出所有垃圾必须要经过初分类处理，即腐烂的水果等必须倒入沼气池；如果产生了建筑垃圾需就近处理；将可回收的垃圾自行售卖；不能把不可回收的垃圾倒入附近的倾倒池。随后，每个村的保洁员会对定点垃圾池内的垃圾进行二次分类，对于可回收的会进行变卖，对于不可回收的会进行转运，对于可堆肥的进行堆肥处理。

市场运作：某县召集所有村民开了大会，会议上以竞标的方式，确定了村庄垃圾收集承包人。中标的村民会和村委会签署相关协议，进一步确定工作职责等内容。承包所需的费用以"谁受益，谁负担"为原则，村内垃圾处理费也需村民按人头缴纳，每人每月1元，差额则由村委会想办法解决。

整体来说，四川大部分的农村已经建立"村收集、乡（镇）运输、县处理"的机制。部分农村已经做到生活垃圾的减量化、资源化、无害化。如今，四川省又向各村推广"户分类、村收集、乡（镇）运输、县处理"模式并取得了良好的效果。

四川省大部分村庄展开清洁行动

2019年，四川省176个县城，46083个村庄已经展开清洁行动。

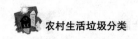# 农村生活垃圾分类

2019年1月29日，四川省针对德阳市罗江区鄢家镇星光村开启了"三清两改一提升"的措施，因村施策，从农民生活中的小事入手，让农民感受到村庄内外的改变。

对于四川省而言，改造农民的居住环境是实现乡村振兴战略的关键，四川省将会重点推动各村生活垃圾处理、污水处理、厕所革命、村庄清洁、禽畜粪污资源化五大行动，从而实现垃圾、污水、厕所的三大改革，改造农民厕所卫生、改变农民不良习惯，提升农村的村貌。

四川省农村生活垃圾处理趋势

四川省印发了《关于推进全省农村生活垃圾分类和处置工作的指导意见》（简称《意见》）。在《意见》中指出，2020年四川省大多数行政村将会做到能有效处理生活垃圾。

随后，四川省又推出《四川省城乡垃圾处理设施建设三年推进方案（2020—2022年）》，在2020年四川省的大多数行政村会覆盖农村生活垃圾处理体系，三分之一以上的行政村会覆盖再生资源回收网点，并且每个行政村都会配齐保洁员。

四川省表示，到了2023年，全省所有行政村都将覆盖生活垃圾转运处置体系，3/5以上的行政村覆盖再生资源回收网点，确保各村保洁工作有序进行。

到2025年，四川省乡镇一级农村各地建立"垃圾分类各持特色、垃圾转运设备齐全、村庄可做到长效保洁、有保障地投入资金、监管制度逐步完善"的农村生活垃圾治理体系。

华北农村生活垃圾处理模式

垃圾处理已成为不少农村"过不去的坎儿"，根据相关调查显示，我国每年清运的生活垃圾中，农村就占一多半。可农村生活垃圾的处理率却只有50%。那么，华北农村在生活垃圾处理方面又是怎样的呢？

近几年，华北地区的相关政府机构越来越重视农村垃圾处理，这

第七章 国内农村生活垃圾处理模式

和十八大中提到的生态文明建设有很大关联。不仅如此,垃圾主管部门等还牵头发布了《住房城乡建设部等部门关于全面推进农村垃圾治理的指导意见》(简称《意见》),《意见》中指出,要探索出农村地区垃圾分类的机制,实现可腐烂垃圾的本地资源化等。接下来,让我们一起了解华北农村生活垃圾处理的状况!

华北农村生活垃圾分类现状

华北农村从源头上将垃圾划分为五类:可再生垃圾、厨余垃圾、生物质垃圾、灰土垃圾、有害垃圾。可再生垃圾经过再次售卖,可成为工厂加工的原料,比如,废金属、废旧玻璃等。厨余垃圾可用来生产有机肥或沼气。生物质垃圾包括废旧的木屑、树杈等,可作为生物质燃料。灰土垃圾包括炉灰、拆房土等,可用来生产砌砖块等。有害垃圾有农药瓶、油漆桶等,这些垃圾需要被集中运送到乡镇或县城,然后再做进一步的处理。

华北对农村生活垃圾处理做出的举措

针对华北农村生活垃圾处理,当地政府鼓励农民积极参与其中。

完善农村生活垃圾处理设施:当地政府为当地每户农民配备了3个编织袋和3个垃圾桶。3个编织袋分别装有害垃圾、可再生垃圾、生物质垃圾。3个垃圾桶分别是装灰土垃圾、厨余垃圾、可再生垃圾。

让垃圾"变现":除了灰土垃圾,政府对大部分的垃圾"明码标价"。鼓励农民认识到垃圾也是一种有价值的事物,积极引导农民对生活垃圾进行分拣。同时,政府会以相对较高的价格回收农民的可再生垃圾。从而使得垃圾回收在当地成为一种产业。

华北大部分农村都展开了垃圾分类收集的工作,村委会通过"以奖代补"的方式,鼓励农民将垃圾分类投放。当更多农民从中受益后,积极性也因此提高。

华北某地区村民将分好的可燃垃圾和非可燃垃圾投放到村垃圾定点回收站。经过督察员检查之后,发现该村民分拣完全正确后,他让该村民在册子上写上"签到"二字，并给他1元的奖励金。如此下来，每户每年大概能获得180元的补偿。

流动的垃圾车会定时收集垃圾：由于政府用"以奖代补"的方式激励更多农民参与到垃圾处理过程中，这让当地生活垃圾处理工作变得更加顺畅。流动的垃圾车可顺利完成上门收集。因为人们不会用塑料打包垃圾，而是将同一类别的垃圾直接倾倒在垃圾车上。对于灰土垃圾以及厨余垃圾，垃圾车每天都会收集一次。对于生物质垃圾、有害垃圾、可再生垃圾，大概一个月会收集一次。但是，无论是哪种垃圾，当地政府规定，不能使用塑料袋打包，必须直接以桶倒入垃圾车内。如此一来，则大大减少了塑料袋的使用，不仅降低了成本，还避免对环境的二次污染。

西蔡村在对生活垃圾处理的思想是，垃圾不落地，采取定点投放，干湿分类。每家每户都会分发两个垃圾桶，绿色的桶是装厨余垃圾，黄色的桶是装不可降解的其他垃圾。因为，对于可回收的垃圾，人们大都会私下进行买卖。

当然，西蔡村为了让村民做好垃圾分类，他们将现有的公用混合垃圾桶全部撤掉。然后挨家挨户收集垃圾。这样一来，村里的人无法随时倾倒垃圾，只好等保洁员上门收垃圾时，才能倾倒垃圾。这也解决了垃圾混倒的问题。

保洁员会骑着电动三轮车，车内装有4个大的垃圾桶。前面的两个大桶是绿色的，是用来装村民的厨余垃圾。后面的两个大桶是黄色的，是用来装其他不可降解的垃圾。保洁员会以东西十字作为临界，将全村划分为两大区域。单号回收大街以北的垃圾，双号回收大街以南的垃圾。保洁员骑着电动三轮车，用大喇叭播放着垃圾分类的信息，沿着胡同回收人们的垃圾。在家的村民会提着两个桶分别投放垃圾，不在家的直接将两个桶放在大门口，由保洁员负责倾倒。

建立农村生活垃圾资源化处理站：这一举措充分体现了华北地区

对当地农业的熟悉,实现了农业循环再利用的理念,真正落实了农村生活垃圾的减量化、资源化、无害化。另外,当地会根据各村实际情况,对可堆肥垃圾进行堆肥处理,从源头做到垃圾的减量化、资源化。对于其他垃圾则会转运到集中垃圾池内,最终再运往垃圾填埋场。

综上所述,华北农村生活垃圾处理模式大致如下:

农户分类→投放到对应的垃圾桶→配备的保洁员上门收集→对垃圾二次分类→分类之后的垃圾被转运到县城再进行处理

目前,这种生活垃圾处理模式已经在华北大部分农村进行推广且运行良好。相比之下,这种模式既需要政府加大投资力度,也要求当地农民提升自我素养并积极参与其中。总之,对于经济相对发达,农民素质相对高的农村地带,不妨借鉴华北的这种农村生活垃圾处理模式,如此一来,可以更大程度地降低生活垃圾的产生,大大减少县垃圾填埋场或焚烧厂的工作负荷。

湖南农村生活垃圾处理模式

走进湖南的一个小村庄,只见每家每户的房门前都摆放着分类垃圾箱。村道十分整洁。湖南农村的生活垃圾处理经历了什么?

目前,湖南省各县农村生活垃圾的垃圾成分以及产生量存在较大悬殊。据不完全统计,湖南每户人家每个人每天会产生 0.86 千克的生活垃圾。接下来,我们将要对湖南不同地区的农村生活垃圾处理模式展开更深一步的论述。

了解湖南农村的"1+N"模式

曾经湖南农村的垃圾靠"风刮",污水靠"蒸发"。也曾试着采用"村收集、乡转运、县处理"的模式,可是具体到实际中,总是困难重重。这个模式中垃圾转运需要 20 千米以外的路程,直接造成了高运输成本。与此同时,由于县城建造的填埋场规模较小,以致地下渗沥液无法及时处理,最终导致集中污染的发生。

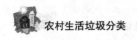

面对如此窘境，某环保公司研发了垃圾无害化处理技术，并由第三方进行检测。他们对湖南部分农村的生活垃圾处理提出了新的解决方案——即农村生活垃圾的"1+N"模式。"1"指城乡生活垃圾一体化解决方案；"N"指利用 N 种技术、产品装备等处理方式。

如今"N"路线的主力设备是一种可以对农村生活垃圾实现无害化处理的处理站。它可以实现定制化生产。每日可处理 5~100 吨农村生活垃圾，占地面积在 200~1500 平方米。

相关数据表明，当前我国农村垃圾设施严重缺失，当地的垃圾处理率在 40% 左右。某环保公司提出的"1+N"一体化处理模式为湖南部分农村提供了切实可行的方案，也让湖南农村垃圾处理走在了中国的前沿。

让我们走进"双峰模式"

从 2011 年开始，双峰县对农村生活垃圾制定了"减量化、资源化、无害化"的目标。9 年来，双峰县摸索出具有当地生活垃圾处理的模式。为垃圾出路寻找到一条可持续、低成本的模式，大大提升了当地村民的生活环境。

2019 年，双峰县的大部分行政村建立了垃圾分拣中心、乡镇垃圾中转站，配备了垃圾专用车、保洁员等。当地以海螺水泥窑处理生活垃圾，每年大约能处理掉 6.4 万吨生活垃圾。不仅如此，当地政府还购买

残留的可回收垃圾以及有毒、有害垃圾。从根本上实现了农村生活垃圾无害化处理。

走进双峰县农村,就会发现,那是一个美丽的新双峰。当地的生活垃圾经历了:从户到镇、到厂的"旅行",让农村生活垃圾也变得更加"高、大、上"。

双峰县是怎么做到农村生活垃圾大减量的呢?

双峰县采取"三次多分法",实现了从源头上减少农村生活垃圾的产生。即让村民做初分拣、保洁员做细分拣、县级做精分拣。需要注意的是,初分拣是以沤肥和不能沤肥来区分,通常厨余垃圾、腐烂的水果等都属于可沤肥的生活垃圾,细分拣是对生活垃圾继续分拣出可回收利用的垃圾、有害垃圾以及其他垃圾。当生活垃圾经历了这两个过程,最终被运输到县级时,相关人员还会对其中可资源化的生活垃圾再进行精分拣。

果园镇的"12345"垃圾处理模式

在湖南省长沙市果园镇已经构建了"分户收集、分类处理、村民自治、政府补贴、合作社运营"的垃圾处理运行机制,他们摸索出"12345"垃圾处理模式。

搭建"一个平台"。果园镇以农村环保合作社为主体,设立了专项资金。环保合作社的成员由各村村民选举。而且,环保合作社进行的各种事项都由民主监督。另外,各村都会雇用保洁员,每个保洁员会承包一块"责任田",做到责任到人。

围绕"两个核心"。果园镇以垃圾分类及资源化为目标,对农村展开垃圾治理。其一,对垃圾进行分类处理。该环保合作社在所属镇的村庄内建立了垃圾分拣房、垃圾回收示范点。他们鼓励农民将生活垃圾进行初步分解,然后由村内保洁员按照统一指导价收购、清运。环保合作社还会派出专业人员对垃圾进行再次分拣,从而形成"户、组、村、镇"的垃圾处理模式,实现全镇90%的减量化。其二,实现垃圾资源化。环

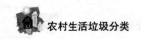 农村生活垃圾分类

保合作社鼓励农户将有机垃圾进行堆沤，将可回收垃圾进行资源化处理，将有毒、有害垃圾交由县级处理，从而实现了垃圾减量化、资源化、无害化。

施行"三点联动"。第一点是考核联动，镇政府对各村施行季度考核，按照考核结果发放奖励金。第二点是示范带动，每个季度需要选出示范组和示范户，对每组、每户进行奖励。第三点是绩效驱动。聘请乡镇的退休干部对保洁员进行监督，不定期对保洁员的工作进行暗访，从垃圾分类、考勤管理、面源污染处理等方面进行考核。根据考核的实际情况对保洁员发放工资，排列前五的则有额外奖励。

坚持"四点减量"。即"沤一点有机垃圾、卖一点可回收垃圾、埋一点建筑垃圾、交一点有毒有害垃圾"。镇政府为了将这"四点减量"做到位，在所属村庄进行垃圾分类知识讲解，鼓励村民上交有毒、有害垃圾。

发挥"五员作用"。镇政府为公共区域配置了清洁员、监督村民有坏习惯的监督员、进行垃圾分类的指导员、传播环保知识的宣传员、提供环境治理的信息员。环保合作社每季度会对这"五员"进行相关培训，从而提升他们自身能力，进一步提升当地农村垃圾处理的能力。

上海典型农村生活垃圾处理模式

曾经一段时间，上海市的垃圾分类风靡全国，不仅为其他城市的垃圾分类工作提供了相关经验，还一度成为大家茶余饭后的话题，那么，上海农村生活垃圾的处理模式又是怎样的呢？

自从上海出台了《生活垃圾管理条例》之后，垃圾分类的政策也正式推行。该条例不仅规定了垃圾种类的划分，也明确了各部门的职责。所以，在一段时间内，上海人打招呼的流行语是"你是什么垃圾"。接下来，让我们一起看一下上海农村生活垃圾处理的模式吧！

奉贤农村生活垃圾处理模式

上海奉贤区建立了生活垃圾、建筑垃圾、厨余垃圾等分流处置制

第七章 国内农村生活垃圾处理模式

度。现在,上海奉贤的农村一带真正做到了农村湿垃圾不出村。

奉贤利用物联网等技术作为桥梁,进一步打造了电子称重系统、预约回收系统、分类运营系统、生活垃圾收费系统等。庄行镇已经开始运营,它利用物联网系统运营方式,建立了多个回收服务点、中转站等,实现了对垃圾的追踪和管理。

另外,奉贤还在网上开通了"绿色账户",为督促村民更好地践行从源头开展垃圾分类,在网上开通了礼品兑换。兑换的物品有超市现金券等,以满足不同村民的需求。

另外,奉贤还在农村推行了"三级桶长"的制度。何为"三级桶长"呢?"一级桶长"为村委会成员等,每人需要承包一个区域,进一步监督垃圾分类工作的执行;"二级桶长"为责任区内的党员以及志愿者们,以就近为原则,实现一对一指导农民践行垃圾分类;"三级桶长"为负责本村的垃圾运输及分拣员,再次对村内生活垃圾进行分拣处理。

在未来,奉贤还要实现全程分类运输,不断推进农村生活垃圾的减量化、资源化、无害化处理,实现农村垃圾分类的全覆盖。

松江农村生活垃圾处理模式

松江在解决当地农村农活垃圾的问题上历经千辛万苦,终于让难点变成了亮点。

松江在处理农村垃圾分类的难题时发现,农村居住相对零散,而城市居住相对集中。所以,城市垃圾分类并不适合于农村。另外,在农村生活的大部分是老年人,他们的思想比较固执,种种因素都给农村生活垃圾处理带来重重困扰。

只有打破这种僵局,才能更好地推动农村垃圾处理的步伐。松江以村干部带头,以点及面的方式进入每家每户推广垃圾分类的知识,以村民乐于接受的方式引导村民进行垃圾分类投放。

新建村的村民陈某是该村垃圾分类的志愿者,她家是开小卖铺的,平时人们会在铺子里聊天。所以，陈某在闲聊时，就会和村民聊如何进行垃圾分类。陈某表示，除了像他们一样的志愿者，老党员、村干部等也会拜访每家每户，为他们提供更多垃圾分类的知识。

陈某说："尽管大部分村民会配合，可是依然有一小部分村民十分抗拒。不过，他们看到身边的人都在进行垃圾分类，他们也不好意思再顽抗到底。"如今，新建村的村民不仅掌握了垃圾分类的知识，还十分乐意参与其中。

由此可见，农村熟人社会效应会促使邻里之间进行垃圾分类宣传和监督。除此之外，采用奖惩方式则可以更好地调动村民进行垃圾分类的积极性，让村民实现共进步。

走进叶榭镇东石村，就会发现这里没有一点垃圾。东石村的成功，源于"1+3+1+N"的垃圾分类模式。"1"指村干部发挥带头作用，做好农村垃圾分类的管理、指导、宣传等工作；"3"是以网格为单位，每个网格配备3名监督员，专门负责对村民垃圾分类指导、投放；第二个"1"指保洁队伍，专门负责农村生活垃圾的二次分拣，进一步做好垃圾房内外的保洁工作；"N"指全村村民参与。

东石村从事垃圾分类的负责人赵某说："现在村民都能在自家进行干湿垃圾分类，真正做到了从源头上解决垃圾问题，也能推动着撤桶工作的进行。"原来，早些年每家每户门口都设有垃圾桶。经过多年的宣传，很多村民习惯了在家进行垃圾分类的习惯。如今，村里公共垃圾桶被逐渐撤走，让村民形成定点投放的习惯。不过，赵某表示："凡事都是循序渐进的，村委正在让村民渐渐习惯这个过程，正在从根本上打消他们的抵触心理。"

在实施过程中，把握好从源头分类、定点投放、分类清运等环节，真正落实一户一组、一员一车等举措，才能让农村垃圾分类处理不再成为农村的痛点。

第八章
国外农村生活垃圾处理现状

　　20世纪六七十年代,发达国家就已经对农村生活垃圾进行了相关治理。20世纪90年代,一些国家已经针对可回收利用的垃圾进行循环再利用,不仅实现了垃圾从源头减量,还节约了资源。接下来,让我们一起走进国外农村生活垃圾处理现状,从中汲取有益的经验。

美国农村生活垃圾处理现状

　　美国的农村和中国的农村大不相同,那里的乡村卫生丝毫不亚于城市。那么,美国是如何让当地农村生活环境变得干净、美丽呢?

　　美国是一个高度发达的国家,这也注定了它是一个消费大国。随着人口的增长,美国农村生活垃圾的产量趋于稳定增长,也严重影响着美国农村人居环境。为了打造优美的农村环境,进一步推动垃圾资源化利用,美国对农村生活垃圾实施了一系列措施。

美国农村生活垃圾处理设施相对完善

　　当你走进美国,会看到这样的情形:几个壮汉从垃圾车上灵活地跳来跳去，他们快速地将人们家门口的垃圾倒入车内，又快速跳上车。在美国农村，各家各户都备有类似规格、带有轮子和编号的垃圾桶。当地的居民会定时将垃圾桶放在家门口的公路边，垃圾车会定时过来将垃圾收走。另外，当地有的垃圾车会安装机械手臂，这样就可以直接利用机械手臂将垃圾桶中的垃圾倾倒在垃圾车上。

另外，农村生活垃圾处理大多是由一些家政公司来服务，这些公司的规模相对较小。不过，这些公司都持有各州垃圾回收及废弃物管理部门颁发的许可证。还有一些小型公司会上门收集农户的生活垃圾，这些公司也会收取相应的费用。尽管美国的农民居住相对分散，可是他们对垃圾的处理却能覆盖到每一户家庭。

美国西雅图市政府规定，每户农民每月需要交纳13.25美元，他们会负责拉走四桶垃圾，与此同时，每增加一桶垃圾需要加收9美元的费用。

美国农村垃圾处理的专项资金

联邦政府每年都会拨出一部分资金用于治理农业污染等问题。当然，各个州政府也为治理当地农业污染提供专项开支。不仅如此，美国政府也给当地营利或非营利垃圾处理机构予以贷款等扶持。另外，如果是非营利的乡镇组织，美国政府会予以技术支持。与此同时，在偏远农村从事垃圾处理的企业也会得到政府更多的资助。

美国农村生活垃圾填埋得到优化

在很早以前，美国就重视农村生活垃圾处理，当时，美国生活垃圾的处理主要是简易填埋。1979年，美国至少有几十万座非危险废物填埋场，其中很大一部分是农村简易垃圾填埋场，这给当地的环境带来了严重的污染。

随后，美国开始针对农村非正规的填埋场进行治理。经过多年不懈的努力，如今美国农村填埋场大大减少，正规填埋场的效益也得到保障。另外，早期美国还存在大量露天焚烧垃圾的现象，如今，美国各州制定相关法规，禁止当地百姓露天焚烧垃圾。

第八章　国外农村生活垃圾处理现状

美国农村垃圾处理有着完善的法律法规

1965年美国联邦政府通过了《固体垃圾处理法》。1976年，美国联邦政府又通过了《资源保护及再利用法》。这些法律法规对农村垃圾处理做出了明确的规定。另外，部分州也针对农村生活垃圾处理制定了专项法规。比如私自倾倒、焚烧垃圾会受到相应惩罚。现在，美国农村的农作物秸秆会被用作制造饲料等，而非简单的焚烧处理。

美国农民的环保意识在提高

美国农村生活垃圾处理能够有序展开，和美国农户有着良好的环保意识息息相关。美国的农民在家会用一种容量大、质地结实的垃圾袋，这种垃圾袋能有效确保垃圾汁水不易流出，深受当地百姓的喜欢，并作为日用品。他们还习惯性将生活垃圾分类，根据不同垃圾种类使用不同的垃圾桶。此外，美国大部分家庭喜欢在厨房安装粉碎机，将粉碎后的厨余垃圾冲入下水道。

与此同时，农户会自行打扫庭院中的杂草以及落叶，将这些垃圾放在家门口。垃圾公司会定时收取。另外，环保部门也会定时为路边的树枝修剪，砍下的树枝被粉碎后铺在树根四周，以此减少树根水分蒸发。对于宠物的排泄物，农户会用随身携带的塑料袋及时处理。在美国的农户看来，爱护自己生活的环境早已变成一种理所当然的事情。

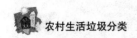
农村生活垃圾分类

欧洲农村生活垃圾处理现状

德国的农村堪比城市,那里的绿化率高于城市。不仅如此,当你看到一位德国农妇家的厨房中的垃圾箱时,你的内心会无比震撼……

在欧洲一些农村,你会看到四处张贴着这样的告示——"肆意乱倒垃圾是犯罪,将会被入档"。由此可见,欧洲农村对于乱扔生活垃圾的处理十分严苛。接下来,让我们通过德国农村生活垃圾处理看欧洲农村生活垃圾处理方式。

德国以法制监督垃圾分类

在1904年,德国就开始进行垃圾分类,所以用"罗马不是一天建成的"来形容德国垃圾分类一点都不为过。事实上,1972年,德国出台了《废物避免产生和废物管理法》,对垃圾分类又制定了严格的规定。从那之后,德国垃圾就开始了系统性的处理。

随后,德国又先后制定了《垃圾避免、循环和处理法》《避免与利用包装废弃物法令》《循环经济和废弃物处理法》等。与此同时,德国在循环经济立法中将垃圾分类作为重要的内容。

在德国一些农村,一旦发现有人乱扔垃圾,政府会先给予警告,屡教不改的,则会给予相应的处罚。上述措施让垃圾分类深入人心,并逐渐成为他们的生活习惯。

德国农村有完善的垃圾处理体系

德国在生活垃圾分类方面有着完善的系统和体系。

德国的第一套垃圾分类系统为四大类,垃圾桶的颜色分别为棕色(部分地区是绿色)、黄色、深棕色、蓝色。棕色或绿色的垃圾桶一般会装剩饭剩菜、骨头等厨余垃圾,树枝、树叶等庭院垃圾,人的头发、动物羽毛等有机垃圾。黄色的垃圾桶一般会装金属罐头、乳制品盒等轻型包装,尤其包装上带有"绿点"的包装。深棕色的垃圾桶会放入不含有害物质的生活垃圾,比如胶卷、香肠皮、自行车轮、灰烬等。蓝色的

第八章 国外农村生活垃圾处理现状

垃圾桶通常用来收集纸板、杂志等废纸，需要注意的是，被污染的纸，比如，照片、使用过的卫生纸则不能扔进垃圾桶内。对于大型垃圾，比如，家具、家用电器等需要等待政府大型垃圾清运日进行处理，如果错过了时机，则需要另外预约相关工作人员或自行将大型垃圾清运到回收站。值得注意的是，不同农村地区的清运日各不同。

德国的第二套垃圾分类系统是对第一套垃圾分类系统的补充。对于有害垃圾、旧衣服、旧玻璃瓶进行细致的归类处理。对于有害垃圾，比如，防腐的物质、废旧电池、化学药剂残留等，需要根据相关规定放入指定的容器。对于旧衣服，如果衣服还没有穿破，农户可将衣服洗净装好，放入特定的容器中。对于旧玻璃瓶，一般有三个投放口，人们需要将旧玻璃瓶再细分为棕色、白色、绿色，分别将它们投入相应的投放器中。

为此，德国的垃圾分类回收率相当高，这不仅依靠环境监督部门的相关工作人员对当地的农户垃圾分类进行监督管理，更重要的是当地人们拥有强烈的垃圾分类意识。

健全的垃圾处理市场化机制

德国建立了健全的垃圾处理机制，包括押金制度、垃圾收费制度、再生资源行业的补贴等。接下来，我们以塑料瓶的回收来进行举例说明。

在德国你会看到人们拿着空的饮料瓶，在24小时塑料瓶回收器前排队兑换现金。这到底是怎么一回事呢？原来，人们用0.5欧元购买一瓶矿泉水后，需要先垫付0.25欧元的押金。当人们喝完矿泉水后，需要将空的矿泉水瓶投递到塑料瓶回收器，才能拿到押金。

不仅如此，在德国垃圾早已被纳入商业运转过程中，当地政府主要负责垃圾经营。这些垃圾在经过处理之后，部分物质会再次投入市场。另外，政府对于当地的农户会采取双轨制经营。农户的垃圾由镇、乡进行收集，这些垃圾会被运往公共或私人的处理厂进一步处理，有用的物质会继续投入市场。

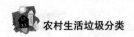农村生活垃圾分类

日本农村生活垃圾处理现状

不少去过日本的游客,对日本最深的印象就是——干净。那里天蓝水清,你很难在路上看到任何垃圾,以至"干净"成为日本城乡的一张名片,吸引着更多的人前往那里旅游。的确如此,日本在对垃圾处理方面十分细致,尤其是某些地区的农村的垃圾处理比城市都要细致。

日本在垃圾分类方面做得十分细致,可回收的垃圾和生活垃圾需要严格分开投放。在一些农村地带,每周回收的垃圾种类也各不相同。这样做的好处是,垃圾车可将同类垃圾直接运往相应的处理厂进行加工、处理,做到省时、省工。

以日本东京为例,它是世界上经济最为发达的城市之一,同时,也是制造垃圾最多的城市。为此,它曾面临过严峻的垃圾问题——二噁英、塑料垃圾等大量排放。曾经,东京的垃圾量以每年5%~7%的速度激增,对于国土面积狭小的日本而言,"或日本消灭垃圾,或垃圾淹没日本"。东京及时调整了垃圾处理的模式,采用多种策略,最终实现了华丽转身。

东京以末端治理处理垃圾问题

在20世纪50年代至20世纪70年代,日本重在发展经济,而对垃圾问题置之不理。随着经济的发展,大量的垃圾被堆积在日本的各个角落中。"一次性使用社会"的问题越来越凸出。"大量生产—大量消费—大量废弃"的现代生产模式给东京带来严峻的挑战。

生活垃圾的数量明显高于处理厂的处理能力,以致东京将大部分的原生垃圾直接填埋,这种举措给环境带来了难以挽回的损害。在这样的大背景下,日本先后出台了《生活环境设施改善紧急措施法》《废弃物处理法》等政策。经过一段时间的治理后,日本的垃圾问题相对缓解,不过,东京依然面临着严峻的垃圾问题。渐渐地,东京的民众意识到从末端治理垃圾问题,无法从根本上解决东京垃圾问题的窘境。

全面实施环保政策

20世纪80年代，东京的经济和环保进入并重发展时期。东京政府指出，减缓垃圾问题需要从源头出发。1980年，东京人将这一观念落到实处。随后，东京政府出台了《东京都环境影响评价条例》《东京都环境管理规划》等环保政策。此时，环保政策已经倾向源头治理。1989年，在各项环保政策的督促下，东京的垃圾产量开始呈现负增长。这也是东京对垃圾的末端治理朝着减量化过渡的节点。

20世纪90年代，东京政府又接二连三地出台了关于垃圾可持续发展的政策。更多企业和民众对于垃圾减量化有了更强的意识，他们纷纷以"减量化、再利用、再循环"作为社会生活准则，实现了从源头上减少垃圾的产生，营造出良好的人文居住环境。

循环制度促使垃圾循环利用

进入21世纪，东京政府在垃圾处理方面又有了新的认识和思路，他们对可持续发展再次做了细化，形成相对完善的制度体系，如资源循环利用的制度等。这些政策的确立，进一步推动着循环型社会系统的发展和建立，不断强化了东京民众以及企业从源头防治的思想，为生活垃圾处理的减量化、资源化奠定了基础。

严苛的垃圾分类制度

如今的日本在垃圾分类方面走在了世界的前沿。孩子在很小的时候就要学习垃圾分类。在日本，如果谁不遵守垃圾分类会面临巨额罚款。你一定无法想象，日本在垃圾分类上到底有多么细致。我们以香烟盒为例说明。

众所周知，香烟盒一共有三层包装，最外面的包装是塑料薄膜、中间的是纸盒、封口处的是一圈铝箔。所以，在丢香烟盒时，一定要将香烟盒拆分成三部分：第一部分薄膜是塑料，第二部分盒子是纸，第三部分铝箔是金属。

日本的垃圾回收是有固定时间的，一旦错过只能等待下一次。每

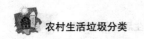

年12月，日本的民众就会收到一份新年历，上面会标注各种各样的颜色，这些颜色代表着不同垃圾的回收时间。

与此同时，日本民众有着根深蒂固的环保意识，每次吃饭后，沾有油水的碟子会先使用大豆制作的废报纸擦拭，然后再用清水清洗。这样做一方面可减少洗涤剂的使用，另一方面也避免油污进入下水道，进而造成严重的污水问题。

国外其他地区农村生活垃圾处理现状

随着生活节奏以及经济的发展，农村生活垃圾处理早已成为严峻的问题。不过，发达国家有着相对完善的垃圾处理模式和制度，值得我们去学习和借鉴。

目前，欧美等发达国家已经建立了城乡一体化垃圾处理模式，政府早已将农村生活垃圾和城市生活垃圾统一运输、处理。

瑞士，一个没有垃圾污染的国家

人们将瑞士誉为"一个没有垃圾污染的国家"。为什么瑞士可以做到这一点？其实，主要源于瑞士人对垃圾进行细致的划分。瑞士的苏黎世州政府出版的垃圾分类回收手册竟有108页。而且，在瑞士某些地区，颜色不同的玻璃瓶不能放在同一种回收器中。

为了处理生活垃圾，瑞士政府还颁布了《填埋禁入法》，法律条文规定民众不能将生活垃圾直接丢入填埋场做简单填埋。生活垃圾需要从源头做到减量化、资源化。2005年至今，瑞士的生活垃圾一直呈上升趋势，而其中的可回收垃圾越来越多。

由于提高了对垃圾的回收利用率，瑞士每年垃圾处理量在300多万吨，其中有10%的垃圾是进口到瑞士进行垃圾处理的。另外，瑞士在全国各地设有1万多个塑料瓶回收中心。每年每个居民会上交100多个塑料瓶。

瑞士拥有着世界上无污染排放、转化率最高的环保垃圾处理厂，

第八章 国外农村生活垃圾处理现状

这些机器会将看似无用的垃圾转化为电能或热能,从而为瑞士更多的家庭供电、供暖。所以,瑞士每年都要从周边国家进口垃圾,一方面促成了垃圾处理的生意,另一方面也造福了瑞士的民众。

巴西农村生活垃圾分类收集

从1992年开始,巴西开始了垃圾分类收集工作,而且它为更多发展中国家提供了垃圾分类处理的新模式。

巴西农民的垃圾分类意识并不强烈,所以,巴西政府并不要求当地村民将生活垃圾进行细致的划分,而是直接推行二级分类模式。即从源头将垃圾进行干湿分离,将湿垃圾直接送往填埋场处理。将干垃圾运输到分拣中心对垃圾做进一步的分拣。

另外,巴西政府鼓励拾荒者自主建立合作社。同时,巴西政府会为他们提供简单的垃圾分类设备,为他们想办法售卖可回收垃圾。

毫无疑问,巴西垃圾处理模式属于劳动密集型的合作社。这个模式的参与者有政府、合作社、消费者等。这种生活垃圾处理的方式一方面为无业人员提供了就业岗位,另一方面也节约了垃圾处理的成本。

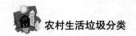

国外农村生活垃圾处理经验

目前,国外发达国家已经建立了相对完善的生活垃圾处理体系。过去,他们主要以填埋为主,现在则朝着垃圾可回收利用的方向转变。接下来,让我们看一下国外农村生活垃圾处理中值得我国汲取的经验。

1. 从源头对生活垃圾进行分类。发达国家十分重视垃圾分类,并为此制定了不少规定。如今,国外的每家每户都备有各种颜色的垃圾桶,他们已经习惯将不同类别的垃圾分门别类。另外,不同地区的人们会根据自身习惯特点,制定出不同的垃圾分类方法。从源头对垃圾进行分类则成为垃圾分类收集的关键节点,为垃圾进行卫生填埋、堆肥等奠定了基础。与此同时,不少国家还出台了相应的《家庭生活垃圾分类指导手册》,以严格的管理措施监督人们对垃圾分类执行是否到位。

2. 市场化运作实现垃圾可持续发展。以企业作为垃圾处理的主体,在减轻政府的压力的前提下,促进了垃圾循环经济的发展。比如,美国的垃圾处理公司是以市场机制运行,美国政府为民众提供有偿回收垃圾的服务等,以此推动企业积极研发绿色垃圾处理新技术。

3. 完善和垃圾处理相关的法律法规。发达国家十分重视生活垃圾处理的相关法律法规建设,他们不仅为民众提供法律层面的指导,还会结合地方性的可操作的技术指南。比如,日本政府根据当地民众的需求,制定了符合民众生活习惯的生活垃圾管理措施。如此一来,大大增强了民众对生活垃圾处理的可操作性。